人生三對

做對事
說對話
跟對人

章文亮 編著

跟對老闆是成功路上的加速器，是一種積極主動的人生選擇。
話語的力量是巨大的，說對話，就等於擁有了成功的資本。
做對事是一種技巧、一種智慧、一種境界。

選對方向做對事，
就等於搶佔了成功的制高點。

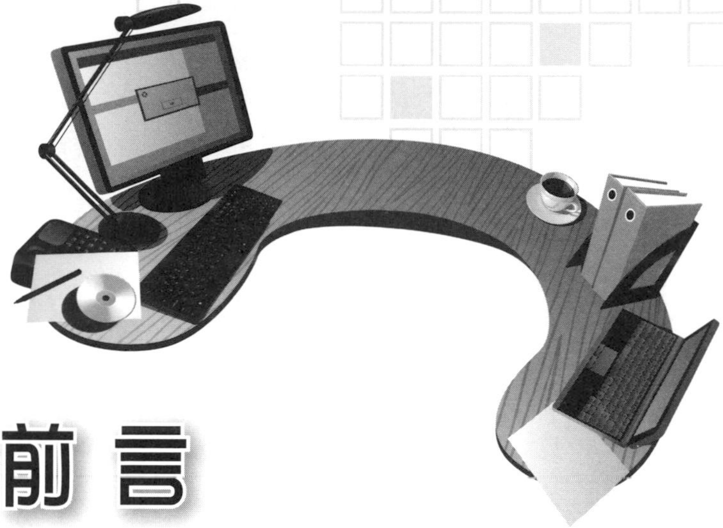

前言

成功的因素有哪些？自古以來，成功者都給出了各種不同的答案，於是，成功的因素便有了各種不同的版本，總之，成功是由各種錯綜複雜的因素造成的。有時才能只是一塊敲門磚而已，門開了，能夠做成什麼樣，還得看他自己如何把握。因此，若想取得成功，就必須跟對人、說對話、做對事，三者缺一不可。這已經成為眾多職場人士的共識，而且也有更多的人意識到了它的重要性。事實證明，按照這種理念走下去的人，只需用更短的時間，就能獲得更大的成功。當然，這三點是一個整體，你只有去深刻地體會其中的韻味，才能找到其精髓之所在。

跟對人，是入世的基礎，也是一種

積極主動的人生選擇。跟對人，就等於搭上了成功的順風車。跟對人，很可能讓你的一生就此改變，少走很多彎路，甚至繞開致命的失敗。正所謂：「近朱者赤，近墨者黑。」和什麼樣的人在一起，就會有什麼樣的人生。和積極的人在一起，你將是積極進取之人；和勤奮的人在一起，你將是勤懇努力之人；與智者同行，你將是不同凡響之人。所以，如果你希望像雄鷹一樣翱翔藍天，就要和群鷹一起飛翔，而不是和燕雀為伍；如果你想像駿馬一樣馳騁大地，那就要和馬群一起奔跑，而不能與牛羊同行。正所謂：「畫眉麻雀不同嗓，金雞烏鴉不同窩。」但是，跟對人也是有前提的，那就是你自身要有過硬的真本領，才能得到貴人的青睞，如果你是一個胸無大志、不學無術的人，要得到貴人的欣賞自然是不可能的。

說對話，是處世的技巧。說對話，就等於擁有了成功的資本。話語的力量是巨大的，一句話可以讓人笑，一句話也可以讓人怒。但凡成功的人，大都有妙語連珠的口才，他們的話抵得上千金萬銀；而那些笨嘴笨舌的人，則往往失敗在自己的唇舌之中。說話很重要，但說對話也要講究技巧，運用不同的技巧，也將收到不同的效果。如果不精通其中的奧妙，縱然下盡工夫，也難以巧妙地運用。俗話說：見什麼人，說什麼話。其關鍵就在於你說話的對象是誰，如果說話不看對象，不分方式，也難以收到良好的效果。所以，本書詳細講解了如何與上司、同事、下屬、家人、朋友溝通交流的技巧，此外，讚美、說服、幽默、拒絕等方面的技巧，也在本書中一一向大家展示。

做對事，是處世的方法。做對事，就等於搶佔了成功的制高點。做對事，能夠讓你平步青雲，扶搖直上；而做錯事，則會讓你一蹶不振，一落千丈。做對事，要有好心態，好心態是保證事情做對的根基；做對事，要有好技巧，好技巧是保證事情做對的條件；做對事，要有好習慣，好習慣是做對事的保障。做對事是一種技巧，一種智慧，一種境界。

跟對人、說對話、做對事，不只是一種理念，更是一種態度、一種技巧、一種智慧。只要你心中充滿自信，端正自己的態度，持有必贏的理念，成功離你還會遠嗎？只要你有了正確的技巧，找到解決問題的捷徑，那麼成功也近在咫尺。本書正是綜合了這些理念、態度、技巧和智慧，將它們完整地展現到各位讀者朋友的面前，希望能夠對大家有所幫助。此外，本書還結合了生活與工作中的一些實例，為讀者如何更好地把握跟對人、說對話、做對事提供了具體、翔實的參考。對於每個期盼成功的人士來說，若是能細細地品讀本書，必能令你茅塞頓開、受益匪淺。

Contents

目錄

Part 1 跟對人

跟著貴人做大事，跟著草包害一生

CHAPTER 1 寧可拜錯神，不可跟錯人

CHAPTER 2 識別好老闆，不是所有的老闆都能跟

CHAPTER 3 跟對人，打鐵還需自身硬

CHAPTER 4

跟對人，工作態度須端正

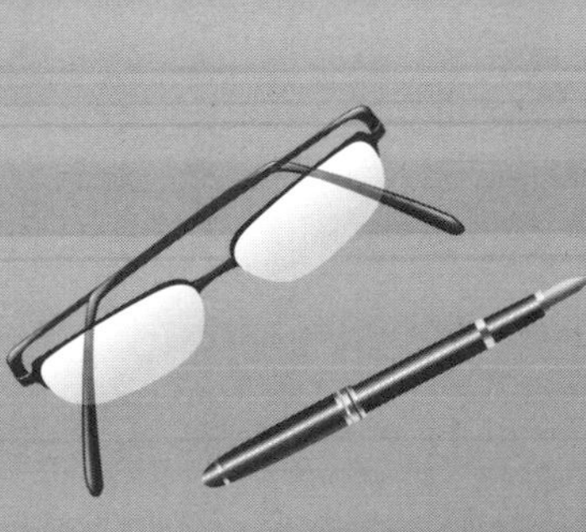

Part 2 說對話

妙語連珠惹人樂，笨嘴惡言招人煩

CHAPTER 5 認識口才的驚人力量

CHAPTER 6

溝通的語言技巧

CHAPTER 7

跟身邊的人這樣說話

Part 3 做對事

做事不由東，累死也無功

CHAPTER 8 做事要有好心態

CHAPTER 9 做事要有好技巧

CHAPTER 10 做事要有好習慣

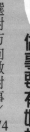

Part 1

跟對人

With people

跟著貴人做大事，跟著草包害一生

【不得不說的話】

成功要善於借勢，而跟對一個既賞識你、又值得你學習的老闆，是一種巧妙的借勢之舉。員工要有向老闆乘機學習的意識，在羽翼尚未豐滿之時，薪水、職位、名聲都不是最重要的，重要的是你在跟著誰做事，跟著誰學習。李嘉誠年輕時就因為跟著一個成功的當地商人，才從學徒一步步走到今天的位置。一個人的成功方式有很多種，然而，跟對人是其中最重要的一種。

跟對人，你的人生很可能就此改變，少走很多彎路，甚至繞開致命的失敗。看一下歷史和現實生活中那些成功人士，他們的背後往往都有著貴人的身影。他們找對了人，跟對了人，受到貴人的提攜和幫助，取得了非凡的成就。

世界上的老闆類型可以按三個維度、四個等級來劃分：三個維度是指發展事業能力、團隊領導能力、品性修養水準。四個等級是指理想狀態、尚可、勉強過得去、差勁。所有的老闆都是上述各項組合的獨特集合體，沒有絕對的好與壞之分，統而概之，可分為如下四大類：

⑴遠見卓識，將事業發展壯大，同時具有卓越的領導能力，發現、培養和發展下屬，注重個人品性修養，凝聚一支鐵杆優秀團隊。這類人有，但比較少，可遇不可求，一旦遇到，要緊跟到底。

⑵有理想，有想法，身先士卒，渴望成功，但管理能力、品性修養一般，真心追隨的人不多。這也是不錯的老闆，可以長期跟隨。

⑶平庸、自私，一切從自身利益出發，人不犯我我不犯人，大家表面過得去，讓別人說不出好話也說不出壞話來。這類人不少見，和他須公事公辦，因為對他好也沒有用。這時候，職場僅是你的工作場所而已，很難依靠他的提攜發展自己的事業。

⑷思維方式、心態、品性有缺陷，心理陰暗，生怕天下太平，總要挑唆事端，使下屬相互猜忌打鬥，自己漁翁得利，心胸狹窄、滿嘴謊言。他以為所有的下屬都得求著他才能活下去。個性中擁有這種特質的老闆，是因為人性弱點使然。和這樣的老闆共事，如果是其他方面對你有特別的吸引力，記住，這裏只是你的一個驛站而已。

CHAPTER 1

寧可拜錯神，不可跟錯人

Prefer to worship the wrong Got,
not with the wrong person

1 押對牌贏一局，跟錯人輸一生

一個人有足夠的才華、修為、運氣還不夠，還需要有貴人的提攜。如果一個人的身邊總有貴人相伴而行，在重要的時刻總能得到貴人的幫助，那麼成功便有了很大的定數。但相反，如果身邊沒有貴人，一路上只是自己在埋頭苦幹，那麼成功的概率不會很大。

有道是：上馬的時候有人扶，摔倒了有人攙，落水時有人向你拋救生圈。跟對人可以讓你在遇到重大問題時，有一個人可以為你解答難題，可以幫你把關，幫你對症下藥，從而讓你少走很多彎路，甚至繞開致命的錯誤，避免失敗。沒有跟對人，你的事業道路就會有很多艱辛曲折，遇到困難連個諮詢和幫助的人都沒有，這不僅損失精力、時間和金錢，還會消磨你的信心和耐心，所以，跟對人和跟錯人的結局是不同的，成功的概率更是相去甚遠的。

雅芳公司總裁鐘彬嫻，被《時代》雜誌譽為「全球最有影響力的二十五位商界領袖」中唯一的華人女性。然而很少有人知道，剛出校門時，鐘彬嫻也如大多數學子一樣，一無背景，二無後臺。但是，後來，在魯明岱百貨公司，她結識了職業生涯中的第一個貴人——魯明岱百貨公司歷史上的第一位女性副總裁法斯。她得到了法斯的欣賞和提拔，於是鐘彬嫻二十七歲就進入了公司的最高管理層。

後來，她和法斯一起跳槽到瑪格林公司，由於出色的表現，鐘彬嫻不久就升到了副總裁的位置。後來，鐘彬嫻覺得自己的發展空間有限，就去了雅芳公司。在那裏，她遇到了她生命中的第二位貴人——雅芳公司的CEO普雷斯。由於她的努力，再加上普雷斯的欣賞和舉薦，鐘彬嫻最終坐上了雅芳公司CEO的位置。

稍微注意一下，就能發現，已經功成名就的那些人，並不是都具備成功的潛質，但他們仍然取得了成功，重要的原因就是跟對了人。一個人的一生會遇到很多貴人，但老闆絕對是最重要的，也是最容易碰到的貴人。工作是任何人都要從事的，一個人的一生，最多的時間都要用在工作上，所以，跟什麼樣的老闆將會對自己的一生產生巨大的影響。好老闆是財富，他自身有著很多成功因素——堅強、果斷、機智、勇敢，他是企業的靈魂，由他帶領的企業總是能健康地運行，他總能破解一切難題，支撐企業渡過難關；他還具有良好的愛心和熱情，具有感染任何人的激情和力量，也具有吸引員工心甘情願跟隨他的人情味；他可以幫你成長，教給你經驗和技能，也讓你認識到自己的缺陷和優勢，更讓你認識到自己的潛能；這樣的老闆非常賞識你的才華或個性或人品，願意花費心血培養你，並且提拔你、信任你。自然，跟著這樣的老闆是有前途的。

「兵熊熊一個，將熊熊一窩。」跟對老闆，才有可能做對事、做成事。管理企業如指揮作戰，好的將領有卓越的領導能力，可以帶領大家所向披靡、戰無不勝。而差的領導則會將整個部隊送到敵人的槍口下，割斷整個企業的命脈。

老闆是領路人，是燈塔，指引前進的路，從而成就自我，實現自我。所以，跟對人才能做對事，跟錯了人也就自然不會有成功的可能。

某雜誌曾經針對上班族做過一個調查，結果在所有受訪者中，有百分之七十五的人表示，他們的成功都與貴人的提拔密切相關，尤其是四十五歲以上的受訪者，他們大多是企業的負責人，幾乎每個人都曾經遇到過貴人；而受訪者中擔任高級主管的，有百分之九十受過他人的栽培；而自己創業當老闆的，竟然百分之百受到過貴人的影響、幫助和提拔。

2 入對行，才能跟對人

這輩子要從事一個什麼樣的行業，是一件至關重要的事。「女怕嫁錯郎，男怕入錯行」，事業成功的第一要素是入對行，第二要素是跟對人。只有入對行，才能跟對人。如果你選擇的行業並不是你所熱愛的，也不能讓你充分發揮自己的才幹，更無法收穫你想要的東西，那麼即使你跟對了人，從事這一行也終究難有成功的可能。因為，你在一開始就偏離了適合自己軌道的目的地，自然就很難最終達到目標。但是，如果你選對了行，並且全身心去努力拼搏，那麼成功的概率就大得多。因為一個人的才能、性格和習慣，只有和所選擇的行業相符合，並且同時跟對這個行業裏的能人，才會有成功的可能。

如果當初比爾・蓋茲在父母的反對下，放棄了電子電腦研究這一行，而是去開飯店，也許今天世界上的電腦技術將不會如此發達，而他也不可能成為被全世界頂禮膜拜的大英雄；如果當初魯迅繼續留在醫學領域，而沒有將文學作為一輩子的事業，那麼中國將少了一位偉大的文學家，也不會有那麼多被他所影響的一代新人出現；如果當初史蒂芬・霍金沒有從事物理學的研究工作，而是改做其他行業，那麼當今世界就少了一位被稱為「宇宙之王」的偉大物理學家，也不會產生那麼多震驚世界的宇宙理論。

選對行才能成就一個人的一生。我們發現，現在很多大學生一畢業就表現得很迷茫，拿著簡歷像無頭蒼蠅地找工作，他們並不知道自己的目標是什麼，也沒有經過深入的分析，結合自己的特長和興趣，以及知道自己的能力來給自己定位，這樣的結果只能是越來越偏離軌道。有的抱著一種「先到位，再擇位」的想法，先求進入一個不適合的行業，找一份自己並不喜歡的工作先做著，接下來再慢慢找適合自己的行業。其實，這樣的想法是大錯特錯的。一個人一輩子的工作時間其實很短暫，如果在一個自己並不想從事的行業裏，浪費自己的青春時光，那將是一件多麼愚蠢的事。其實，只要憑著毅力，就一定會找到適合自己的行業。

羅美玲是一所師範大學的畢業生，她很早就將事業的目標定位在教師這一行，並且是高中教師。畢業時，她對比應徵過的幾所學校，發現沒有一家是比較有實力的學校，不是國家重點，也不是縣、市重點，更沒有高薪的待遇，學校設施也是破破爛爛的，在這樣的學校工作，在她看來是沒有前途的。儘管好幾所學校都向她伸出了橄欖枝，說她非常適合他們的要求，將來一定是一個非常優秀的教師。但是，她都一一拒絕了。她希望找到一份更好的工作。但是經過努力，她依然沒有找到工作。

灰心的羅美玲開始轉變思路了，當看到身邊一個好友從事了房地產銷售行業，有著豐厚的薪水，工作也不是很累，而且工作沒多久就被提拔做了組長，羅美玲非常羡慕。接著，她便去應徵，最後，她被錄取了。結果，三個月下來，她便打了退堂鼓，她對朋友說：「我發現自己並不適合這份工作，每天跟不同的人打交道，我越來越覺得自己應付不來，我開始有點想念教師這個行業了。」

就這樣，逛了一圈，她最終還是回到了原點。又開始重新找學校、應徵，白白耽誤了幾個月的時間，錯過了很多高中招聘的機會。最後，她只得在一個私立中學當了一名教師，這與她當初非公立、非高薪、非好學校不去的路線相去甚遠。

如今的大學生找工作難，從另一個角度分析，是他們把欲從事的行業目標定得過高的緣故，從而形成一種高不成、低不就的現狀。

有的人希望從事編輯這一行，但是，全國那麼多出版社和文化公司，他卻一直找不到一個合適的。不是他看不上人家，就是人家看不上他。不是嫌這個地方待遇不好，就是不滿那個地方職位太低。入對行，並不是非高薪不去、非高職位不去、非大企業不去，而是根據自己的能力、特點和愛好，選擇適合自己的行業。

入對行，對一個人的一生影響至大，現代的職業分工已經很細，每個人基本上只能在一個行業裏成為專家。所以入對行，再跟對人，才能成就一番事業。

3 世上沒有完美的工作，只有適合的工作

跟對人的前提是找到一份適合自己的工作，而什麼樣的工作才是適合自己的呢？任何一份工作都沒有好壞之分，行行出狀元，只有做適合自己的工作，你才能做到最好。完美的工作，每個人都孜孜以求，但是，所有的工作多多少少都存在著缺陷，世界上根本不存在絕對完美的工作，有的只是相對的完美。

二〇〇九年一月，澳大利亞昆士蘭旅遊局在網站上發佈了一條「世界上最好的工作」的資訊：

在全球範圍內招募一名大堡礁看護員。大堡礁是世界上最美麗的海域之一。除了工作環境極其優美之外，年薪也十分誘人——半年的薪水達十五萬澳元（約合新台幣四百七十萬元）。另外，被聘用的看護員還可以獲得在當地免費旅遊一年的機會，並能免費居住海島別墅以及享受免費往返機票。成功申請者將以漢密爾頓島為基地，探索大堡礁水域上的各個島嶼。

此資訊一發佈，立即成了全球的熱點。一時間，這個被稱為「世界上最好的工作」，吸引了全球三十萬人上網流覽，導致網站癱瘓。

薪水豐厚，免費居住和旅遊，工作環境優美，這實在是很多人夢寐以求的「完美工作」！世界上果真有完美的工作嗎？每個人都渴望有一份完美的工作，但世界上並不存在。完美

只是相對，絕對完美只是人們的一種美好嚮往而已。每一份工作多多少少都存在缺陷，有些工作薪水低，有些工作條件差，有些工作辛苦，有些工作困難重重，有些工作壓力太大，有些工作枯燥乏味……

世界上沒有完美的工作，只有適合自己的工作。你認為你的能力適合做什麼，你熱愛做什麼，那麼這份工作無疑就是最適合你的。如果有一份在你看來是「世界上最完美的工作」，而你卻沒有那個能力，別人也不會聘用你。有的工作薪水很高，但相應的也很辛苦，要加班才能完成任務，如果你不喜歡這樣的緊張和壓力，那麼從事這樣一份工作對你來說，就是不適合的工作；相反，如果一份工作薪水雖然不高，但不用總是加班，工作的壓力很小，那麼也許這份工作才是適合你的。所以找工作不要一味求完美，而要看看是否適合自己。

一份工作是否適合自己，要看其企業文化制度是否和自己的相悖，也要看自己的性格特徵適合做哪種性質的工作，更要看自己的興趣點在什麼方面，同時也要看其周圍的人際關係狀況，自己是否可以應付得來等等。天下之大，任何工作都有人去做，一份在自己看來並不完美的工作，在別人看來也許是完美的。就像售票員一樣，有的人不喜歡這樣的工作，但就有人在這一行業做出了成績，做到了高水準，做到了讓大家來學習其工作精神的地步。還有很多很平凡的工作，也都有無數人做出了驕人的成績。因此，又有誰可以說這樣的工作不完美呢？這樣的工作不適合他們呢？

由此看來，工作本身絕無完美與不完美之分，關鍵要看哪一類是最適合自己的。王菲是當今大紅大紫的歌星，她的工作給她帶來了個人的榮譽和財富，這樣的工作看來不錯，但並不是誰都能做得來的，如果讓一個沒有歌唱天賦、不喜歡娛樂行業、承受不了巨大工作壓力和輿論壓力的人來從事這份工作，恐怕就是一種折磨。反之，如果讓王菲去做一份與她自身的能力不符，也與她的喜好不符的工作，恐怕她也無法做得很好。這就是適合的道理。

這也就像找對象一樣，「完美的人」誰都渴望，但「完美的人」有時並不適合自己。在別人眼中完美的人，也許對自己而言就是不完美的。要找到真正適合自己、別人也覺得適合自己的人，才是真正的完美。

所以，不要再抱怨沒有好工作，不要再挑剔工作有什麼樣的缺點，找到最適合的那一個，你才能終有所成。

4 跟對潛力股的老闆

什麼樣的老闆可以跟？最有潛力的老闆可以跟。

炒股票的人都知道，如果選擇了一支潛力股，那後期會有巨大的回報。跟隨潛力股型的老闆猶如炒股，跟隨這樣的老闆做事，雖然暫時看不到前途，但時間久了，就會受益匪淺。潛力股型的老闆一般是白手起家，在一窮二白的基礎上不斷地發展壯大。從幾個人的小公司做成上百、上千人的大企業。跟著這樣的老闆做事，也可以成就一番事業。

有一個人大學畢業後，很長一段時間都找不到工作，他的理想是做一名電子工程師。但是，他的學經歷不佳，也沒有突出的才能，很多企業都沒有錄取他。這時，他的一個朋友介紹給他一家剛剛成立的小公司，他一開始並沒有動心，因為他相信，高起點才能有高成就。但是，隨著時間的推移，他依然賦閑在家。最後不得已，他打算去這裏先試一試。

到了公司一看，果然小得可憐，三、四張辦公桌擠在狹小的辦公室內，老闆使用的是低廉的辦公桌，屋內的一切陳設，都表明了這家公司的確是剛剛起步的、且沒有資金實力的小公司。他有點失望，但見了老闆，他立刻充滿了信心。因為從老闆的言談舉止中，他發現老闆具有良好的人品和十足的信心，他覺得跟著這樣的老闆做事，一定可以做出一番樣子來。

就這樣，他加入了這個團隊，而且一做就是兩年。兩年後，公司已經發展成擁有三千萬元資產的中型企業了，而他也成了這家公司的副經理，持有這家公司的股份。

任何人的一生都不是一帆風順的，尤其是那些功成名就的老闆們，他們大多數都是當初吃過很多苦，流過很多淚的。當初他們什麼都沒有，缺實力、缺人才、缺產品，但是最缺的還是資金。由於資金短缺，他們一度也會有發不出薪資，甚至支撐不下去的時候，但這都成了成功者奮鬥路上的加速器，成了他們奮進的動力，促使他們更快地成長。

當年與王永慶創業的人，與施振榮創業的人，與鴻海集團郭台銘創業的人，與宏達電王雪紅創業的人，與潤泰集團尹衍樑創業的人……這些人當年都還不發達，一個比一個窮，一個比一個艱苦，但是有些人很有遠見和耐力，他們看到了這些老闆身上的潛能，與他們走到一起來共同創大業。事實證明，他們的眼光沒有錯，當企業輝煌的那一天，他們都成了元老階層的人士，都實至名歸，都成了企業的有功之臣。這些老總當年創辦企業的時候，可謂是身處逆境，也是從逆境中苦苦掙扎著一步步走來，最終抓到了好的發展機遇，成就了一方霸業。

所以，跟隨一個身處逆境但依然自信的老闆，一定大有可為。這樣的老闆們身邊最缺乏的是理解他們的艱苦，並且肯跟他們一起奮鬥、吃苦的人，如果你身邊有這樣一位老闆，而且他內心有著巨大的信心和毅力，你就應該義無反顧地跟隨他。因為大多數有良知的老闆們，都不會虧待當初跟隨自己打天下的人。

另一方面，潛力股的老闆也包括從事一項別人都不看好的行業的老闆。比如手機行業，當初都不盛行的時候，如果諾基亞的先驅者們身邊沒有一批無怨無悔的追隨者，也不可能有如今龐大的諾基亞帝國。正是這些追隨者造就了諾基亞，同時，他們成為後來紅極一時的領軍人物，並且收穫了人生的財富和榮譽，實現了自己的人生價值。所以，一個行業剛剛興起時，並不表明它沒有前途，也不表明跟著這些行業的老闆工作沒有前途。創新帶有風險，但風險卻意味著巨大的成功。在平凡中可以獲得成功，但卻微乎其微。所以跟隨那些敢於冒險、敢於嘗試的老闆們做事，不失為一種成功的途徑。

有的人認為跟隨一個窮光蛋似的老闆，有什麼前途可言呢？而有實力、有財力的大老闆才是他們看好的潛力股，他們認為有錢才是最大的資本，殊不知，錢如果不好好經營，也有用完的一天，錢再多，如果投資方向或者管理不當，都會被所謂的大老闆白白浪費。雖然你有可能得到暫時的收穫，但從長遠來看，跟隨這樣的老闆做事，就像在一個搖搖欲墜的危樓上生活，其危險是巨大的，因此，跟隨這樣的老闆絕對不是一個明智之舉。

5 好老闆是成功路上的加速器

人有好壞之分，老闆自然亦是。但這裏的「好」並非單指人品，還包括能力、性格、前途、魄力等方面，一個好老闆會用良好的品性影響他人，會以崇高的道德觀去面對世界，他們不會為了一己之利做損害社會、損害他人的事；他們在管理公司方面遊刃有餘、得心應手，總能巧妙化解各種矛盾，引領企業走向一個正確的方向；當企業遇到困難時，他們也能拼死保住企業，維護員工的利益，帶領企業走出困境；他們性格很好，不會動輒侮辱員工，詆毀員工的人格，他們視員工為家人、為兄妹，對他們的生活關懷備至，因而會得到員工的愛戴；他們有很大魄力，不拘泥傳統，敢於打破思維，開拓創新；他們做事敢作敢當，失敗了不後悔，成功了也不驕傲。

一輩子跟著這樣一個老闆還有什麼理由不成功呢？如果你的才華得到這樣老闆的賞識，那麼你就會得到他的幫助和提攜，因此，這樣的老闆就是你的事業貴人，就是你成功路上的加速器。

在一個公司裏，老闆是公司的核心。如果一個團隊的戰鬥力差，鬆散而無效率，那只能說這個老闆不夠優秀。老闆作為一個公司的核心人物，在公司裏坐在龍頭老大的地位，他就像船長一樣，與下屬船員一起航行在職場這個茫茫大海之上。好的老闆可以準確地測定航向，預測前面是否有暗礁，指揮船員如何渡過難關。

而壞老闆則無法保證這些，也許在船撞上暗礁時，他比誰都跑得快，早已棄船自保了，更別說兼顧船員的性命。所以，好老闆是員工切身利益的保障，跟著這樣的老闆不僅可以獲得經濟利益，還能學到一身紮實的本領，學會如何抵禦困境。

老闆是企業的掌門人，也是一個公司的領導者和決策者。好老闆能夠確立組織的宗旨和方向，並要創造並保持使員工能充分參與實現公司目標的內部環境。他也是企業的發展決策的制定者，因此，他的任何意志和思想甚至一句話，都將會決定企業的命運。他必須具備相應的領導能力，比如決策能力、指揮能力、協調能力、談判能力等。

一個人縱然有滿腹才華，如果跟著一個笨老闆、壞老闆，任何才華都會是一團泡沫而已。只有企業給員工提供了比較好的發展空間，員工的才華才會有很好的施展舞臺。

好老闆是人生奮鬥的加速器，找到一個好老闆就等於在職業生涯中遇見了人生旅途上的一盞明燈，其知遇之恩和對工作和生活的影響不可估量。好老闆至少有四大方面的價值：

第一，在好老闆身邊，可以近距離真切地學到成功者多方面的真經，快速提升自己。

第二，跟著老闆做事，會比較輕易地接觸到和打入老闆的人脈圈裏，短時間內借助外力站上較高的平臺。

第三，老闆的光輝能夠折射到你，為你增加無形價值。

第四，有一個事業發展上的領路人，帶著你在職場之路上行走。

在職場中求得生存，你可以僅拼實力；但若想求發展，尤其是大發展，僅拼實力那是遠遠不夠的，更關鍵的是要跟對老闆、找對老闆，跟對老闆拼的是眼光，即找到一個好公司、一個好老闆，找到屬於自己的人生舞臺。跟對老闆，你的職業之舟才能駛上正確的航程，向你人生中的新目標破浪前進，而不必在無邊的海洋中漂泊不定。

一個人初入職場，初入社會，可謂什麼都不懂，什麼都沒有，如果你靠自己打拼，也有成功的可能，但若能跟對貴人，找到一個既可以學到經驗又賞識自己的老闆，那麼成功的概率不就更大了嗎？

如今，許多年輕人在選擇工作時通常都會問：「月薪是多少？」「工作時間有多長？」「有多少假期？」以及「什麼時候加薪？」等等。但是，卻很少有人會考慮幾個最重要的問題：

我在跟著誰做事？我所跟隨的老闆能否讓我學到東西？他能否成為我工作中的老師？

6 選擇賞識自己的老闆

跟對老闆不是一個單方面的行為，而是具有合作傾向的契約關係，首先，你要跟著這個老闆工作，這個老闆肯定是你所仰慕的，他身上的某些特質是你希望自己可以學會並達到的。但是要知道，只有你自己的意願還不行，還必須有對方的認可，你才能被接受，所以，首先你要做的便是讓對方賞識你，接受你。

一個不賞識自己的老闆，跟著他勢必難以長久，說不定哪一天看你不順眼，便將你辭退了；一個不賞識自己的老闆，跟著他也不會學到精髓的東西，因為老闆帶員工就像師傅帶徒弟，只有他鍾愛的徒弟，他才會將最精湛的技藝教給徒弟；一個不賞識自己的老闆，跟著他也不可能有成功的機會，即使你有能力，也有可能被他視而不見。所以，跟著一個賞識自己的老闆至關重要。

《三國志》中，曹操不賞識楊修，對他愛耍小聰明的行為深惡痛絕，這跟曹操嫉妒的個性有關，所以，楊修最後的下場極為悲慘。楊修原來夢想著跟這個有實力的老闆可以有肉吃，但最後非但沒吃上肉，反倒被當成肉擱在案板上。如果楊修早點意識到曹操並不賞識自己的小聰明，反而很痛恨，要嘛及早改之，要嘛趁早走掉，也許就不會落得如此下場。

而陳琳卻終成正果，這是何故呢？究其原因，還是曹操對其無比賞識的結果。

陳琳是建安七子之一，曾經以一紙《為袁紹檄豫州文》獲得曹操賞識。這篇檄文非但沒有惹怒曹操，反而被曹操認為陳琳的文采前無古人，後無來者，而且這篇檄文還治好了曹操的頭痛病，這樣的文章，這樣的人才令曹操喜歡得不得了。

後來，曹操擊敗袁紹，俘虜了陳琳。無意中遇到一直以來極為賞識的人才，曹操自然愛不釋手。但手下勸曹操把陳琳殺了，畢竟這個人曾經辱罵過曹操的祖宗，然而曹操卻因為賞識陳琳，非但沒殺他，反而任命他為司空祭酒，管記室，軍國書檄。後來，陳琳在曹操的帳下任職，一直順風順水，直到病死。可以說，曹操手下的愛將不少，但能壽終正寢的卻不多，而陳琳算是其中一個。

才華和被賞識是兩碼事，有的人很有才華，但因為各種原因得不到賞識，終究也不會有所作為。如果一個人跟隨著一個不賞識自己的老闆，即使做得再好，也終究毫無意義，或者被老闆視而不見，或者遭到老闆的嫉妒，以致對自己的事業發展亦無用處；相反，跟隨著一個賞識自己的老闆，即使才華不夠資深，也有可能得到重用和提拔，做出一番事業。

跟對人，要看跟著什麼樣的人，這是一個關乎自身利益和前途的重要問題。跟隨一個有能力的老闆固然重要，自己有能力也重要，但若對方不賞識自己，即使是塊美玉也會被埋沒了光澤。

正因為張藝謀欣賞鞏俐的表演能力，鞏俐也跟對了張藝謀這個老闆，才使得鞏俐成為名揚世界的大明星；正因為聯想集團總裁柳傳志賞識楊元慶的管理能力，楊元慶也跟對了老闆柳傳志，才使得他不斷創造職場佳績，一路順風順水；正因為世界潛能激勵大師安東尼・羅賓賞識陳安之的演講才華，陳安之也跟對了安東尼・羅賓，才使得他成為全亞洲最頂尖的演說家、暢銷書作家。

跟對人很重要，但最重要的也要使對方賞識自己，才能得到「跟」進門的入場券。如果一個老闆根本不賞識你，縱使你使出渾身解數，對方也可能不會接納你。即使一時接納了你，也不會將你定位成長期員工而重點栽培，那麼，你的下場就是遲早會被不賞識你的老闆請出去。與其如此，不如一開始就跟對一個賞識自己的老闆，所以說，跟對一個賞識自己的老闆至關重要。

一個人對另一個人的賞識，受很多因素的影響，有的人也許僅僅因為脾氣相投，有的人是因為賞識其奮鬥的精神、拼搏的勇氣，有的人是因為其不同常人的較高品行、修為。一個人被老闆賞識同樣要有某些被對方看好的地方，而最重要的就是能為公司創造出價值。價值是你最重要的籌碼。一個公司不會聘用一個沒有用處的員工，所以，時刻謹記：創造出價值，老闆才願意讓你跟。

7 懂得老闆的天職，明白老闆的無奈

很多人認為老闆是剝削者，是無情的資本家，所以多數人與老闆站在對立面，不僅不會替老闆著想，為公司著想，更不能理解老闆的難處。他們以為老闆是雇用自己來做事的勞動力，而自己就是被人操縱的機器人，甚至是奴隸。所以，他們認為傻子才會跟老闆一條心，才會死心塌地地維護老闆的權益。

於是，很多人抱著這種心態工作，敷衍了事、馬虎大意、被動消極、懶惰怠慢，沒有責任心，沒有執行力，還總是會時不時發點牢騷，來點抱怨，似乎自己正在進行一項多麼不公平的交易。誠然，從另一個角度來說，老闆和員工之間是一種交易的關係，但也不僅僅是交易，還有合作，還有契約。要知道，你到這裏來工作，沒有人逼迫你，是你自己的選擇，而既然選擇來這裏工作，就等於你接受了老闆給你的一切，這本身就沒有不公平可言。你付出，然後才能得到，這是天經地義的道理，付出多少，才能得到多少，也是天經地義的道理。所以，任何埋怨不公平的行為，都是一種不理智、相當愚蠢的行為。

職場規則如此，員工只能儘量去適應，靠自己的實力去爭取回報，而不是一邊懶散地工作，一邊抱怨老闆不好。

自從誕生老闆這個職位時起，便註定了其特殊的身分，註定了其天職是創造利潤，保障企

業的運轉和發展壯大，同時也註定了老闆要運用一定的手段管理手下的員工，讓他們充分發揮才華，為企業的生存和發展注入動力。所以，也就註定了在管理的過程中，老闆和員工會因立場不同而產生誤會、摩擦和矛盾。具有良好工作心態的人，會學會站到老闆的立場考慮問題，和平地解決問題，爭取達到雙贏，只有那些心態不端正的人，才總會固執地把自己和老闆置於對立面上，將問題擴大化，製造事端，生出煩惱。

明白了老闆的天職還不夠，還要學會體諒老闆的難處，知道老闆的無奈。老闆這個角色不是好當的，甚至有些人在當了若干年老闆之後，發出如此感歎：「老闆不是人做的。」「老闆其實是給員工打工。」這些話不無道理，老闆的辛酸員工很少去想，他們只看到老闆的風光，看到他們衣著光鮮、呼風喚雨，豈不知，在這些背後也有不為人知的酸甜苦辣。每當夜深人靜之時，每當週末、假日時，老闆們還要自動加班談專案、趕進度，還要揣測公司的大小事務，因為一個環節處理不好，就有可能引起一連串的事端，造成或大或小的損失。因此，老闆不是那麼好當的，他們也有自己的難處，也有無奈之時。

作為一個員工要學會理解老闆，學會換位思考，繼而努力工作，讓老闆放心，讓老闆省心，只有這樣才能博得老闆的認同和欣賞，也只有這樣才能讓老闆願意讓你跟，願意教給你工作技能和人生體悟，帶領你一起馳騁職場，做你的事業貴人。

8 控訴老闆不如向老闆求經

人不是生而知之，而是學而知之。人的知識和能力不是天上掉下來的，而是從學習和實踐中得到的。我們處在一個激勵競爭的時代，如何脫穎而出，只有具備「比他人學得快的能力」才能保持極強的競爭優勢。向老闆學習就是一個很重要的內容，哪個員工向老闆學習得愈多，那麼他一定就愈成功！

職場中，經常會聽到有些員工埋怨命運不公，抱怨自己一個大學生卻給小學畢業的老闆打工；工作不順心或者對老闆不滿時，暗地裏大罵老闆不仁不義，常常想「我當老闆時會怎樣怎樣」……

「三人行，必有我師焉。」普普通通的三個人之中，就肯定有值得自己學習的老師，更何況是老闆呢？老闆之所以是老闆，是因為他必然有過人之處。很多老闆白手起家，拼盡全力打下了一片江山，他們的身上有很多值得學習的地方。在企業中，老闆是最大風險的承擔者。老闆所面臨的壓力是普通員工無法想像的，除了市場上的競爭外，還要打理各方面的關係。可以說，能在激烈的市場競爭中讓企業存活下來的老闆，他們都是最優秀的。單憑這一點，就值得許多人去學習。

積極向老闆求經，不是因為他是老闆，而是因為他優秀。他之所以能成為老闆，一定有許多員工不具備的特質。注意留心老闆的一言一行，一舉一動，觀察他們處理事情的方法，你就會發現他們與普通人的不同之處。有時候，你也許會覺得老闆看起來並不比你聰明多少，甚至在某些方面還不如你，但他卻總是能夠在經營與做人上強人一籌，這與老闆自身的素質是分不開的。如果你找到了老闆的過人之處，並積極學習，虛心求教，你就會成為企業裏最優秀的員工。

任何人都有犯錯的時候，然而老闆犯了錯，就會得到比別人更多更嚴重的控訴。一切理由只是因為他是老闆。一個人戴上了老闆的帽子，也同時被員工戴上了「資本家」、「剝削者」的帽子，所以，老闆的同義詞就是「不公平」、「狠心」、「沒有人情味」等，在有些員工眼中，老闆是經常會犯錯的人，也是導致自己工作心情不愉快、職位不能升遷、薪水不能調漲、事業不能發展的主要元兇。他們從來不會考慮自己又做了什麼，是不是自己的原因才導致這樣的現狀，而是一股腦地歸咎於老闆，因此，控訴是很多員工常犯的一大毛病。

控訴即抱怨，它於事無補，還會加速你走上更偏離成功的路。因為一旦抱怨開來，便會使這種抱怨的毒液浸透身心，從頭到腳對老闆產生反感和厭惡，甚至痛恨，一旦如此，便產生了不可救藥的後果：你將心情很糟糕，沒有一個好心情工作，絕對會影響效率和業績，也就絕對會影響事業的發展，這是毋庸置疑的。其次，你還給老闆留下一個壞印象，讓他認為你思想消極，工作心態不端正，這便給他留下了把柄，即使你再努力工作，也難以彌補這種消極犯下的錯誤。這樣也會影響你的事業發展，那麼你遲早會被剔除出局。

沒有一個老闆喜歡抱怨的員工，整天嘴上哼哼唧唧地抱怨這，抱怨那，只能讓老闆對你產生厭惡之情。他會很自然地想：「不想做，可以走，何必抱怨！」所以，要認清抱怨對於一個員工的成長是有弊無利的。抱怨並不能解決問題，相反還會導致這麼多問題，何不摒棄抱怨呢？

不去抱怨是被老闆賞識的良好開端，當你停止抱怨，就等於迎來了事業的春天。接下來，如果你再努力工作，積極表現，創造出不菲的業績，老闆一定會很賞識你。

聰明的員工懂得化不滿為動力，他會悄悄地隱藏自己的消極情緒，將不滿轉化為學習的動力，向老闆求經，等待學有所成，自己也能有一個圓滿的結局：一個做出了成就的員工，還有哪個老闆不爭著要呢？到那時，老闆反而就處於被動地位，他會毫不猶豫地以加薪、升職來留你，然而這一切的前提必須是你是人才，沒有抱怨，並向老闆求經。

有兩個年輕人一起進入一家公司任職。老闆讓他們先從小職員做起，畢業於知名大學的甲很不滿，滿腹牢騷地說：「好歹我也是名校的畢業生，怎麼可能跟大專生是一樣的職位、拿一樣的薪水呢？」乙笑呵呵地勸道：「別著急，留得青山在，不愁沒柴燒，只要我們努力工作，做出成績讓老闆看，到時候就不是小職員了。」甲卻愁眉苦臉地說：「那要到猴年馬月了啊！」

從此，甲整天一副無精打采的樣子，還到處散播消極言論，什麼這個公司沒發展前途、我以後一定要走、大家這麼賣命圖個什麼等等。有的人被他的消極言論鼓動得沒了幹勁，老闆警告了甲。但過後，他依然如故。而乙呢，他在心裏也有過不平衡，但很快便意識到這是很公平的事，畢竟自己什麼經驗都沒有，憑什麼上來就拿高薪、任高職呢？所以，他很明白老闆的苦心。也許這是老闆考驗自己的態度呢！那麼我以後做出成績來讓他看，他若不提拔我，我再走也不遲啊。於是，他勤勤懇懇地工作，從不挑三揀四，一直任勞任怨，一句抱怨的話都沒有過。

而且，他主動跟老闆求經，一來可以學到東西，二來可以探求老闆對自己的看法。這個主意很好，下班後，他總是主動去敲老闆辦公室的門，向老闆請教問題，時間久了，老闆對他產生了好感，私下裏感情也加深了，有時候老闆還跟他探討公司方針政策的制定，詢問他的個人生活等，而且更重要的是，每次老闆出差或出去談判，都會帶上乙，這讓乙學到了很多在辦公室中學不到的東西。

一年過去了，乙的工作業績一直響噹噹，老闆提拔他做了主管，而甲早已被辭退了。

抱怨是最危險的毒藥。一個員工被公司最痛恨的不是他的能力有多差，而是他那張抱怨的嘴。抱怨就像一滴滴進入水裏的墨汁，污染了周圍環境。

而向老闆求經是最明智之舉，與其抱怨老闆，跟老闆賭氣，不如敞開胸懷，跟老闆求經，這樣免費學習的機會可是不多的。

身處這樣一個激烈競爭的時代中，「愛學習、會學習、學得快」的能力，是你能保持競爭優勢最好的法寶之一。老闆是與自己接觸最多的人之一，也是每天都要面對的比自己優秀的人。每一位老闆身上都有其獨特的本領，或者是專業技能優秀，或者是管理才能卓著，他們之所以能成為管理者，肯定有身為員工所不具備的優勢。

作為員工，要善於從他們身上發現閃光點，總結他們做事的方法和策略，從而拿來為自己所用。向老闆求經，學習老闆的長處，你就可以變得更優秀，獲得更多成功的機會。好員工不會錯過這樣的學習機會，他們會從老闆的一言一行、一舉一動中觀察處理事情的方法。發現了他的可取之處，虛心學習，從中吸收到各種對自己的職業成長有益的養分，避免自己走很多彎路，使自己不斷汲取前進的知識和技能，最大限度地激發自我潛力，促進事業更成功。

此外，還要善於發現上司的優點，擇其善者而從之，其不善者而改之。以學習的心態與上司相處，尊重、服從、協助上司。留心上司與客戶談判時的模式與說辭，總結他們用了哪些技巧；觀察老闆平時是如何安排工作任務、規劃時間的；也可以學習老闆在遇到問題時，是如何解決的。在向老闆求教的過程中，要善於思考，善於發問，懂得在溝通、交流中獲得提升。

CHAPTER 2

識別好老闆，不是所有的老闆都能跟

Identify a good boss,
the boss can not all with

1 勤奮的老闆教給你敬業

勤奮是進步的階梯，一個人沒有天賦不要緊，沒有人脈不要緊，只要有勤奮的精神，就有希望做成事，做大事。跟老闆也要跟著一個勤奮的老闆，千萬不可跟隨一個散漫懶惰的老闆，不然，散漫就會侵蝕你的身心，令你一事無成。

事實上，很多老闆都是勤奮的，沒有勤奮，他們便不可能坐上老闆的位子；沒有勤奮，便不可能成為一個團隊的將領；沒有勤奮，便不可能帶領企業在激烈的競爭中立足，甚至獨佔鰲頭。老闆是勤奮的人，其員工也必不會多麼懶惰；反之，如果老闆懶惰，其員工勢必勤奮不到哪裡。

在這裏，勤奮並不是事必躬親，不是大事小事都一一過問，而是在兢兢業業地做好自己本職工作的同時，還給員工傳遞一種勤奮的工作精神。

比爾・蓋茲是勤奮的，他的勤奮到了何種地步呢？每天，他來得比員工早，下班比員工還晚，如果忙碌起來，他甚至會錯過吃飯時間。也許，你不會相信世界首富還能忘我工作到如此地步。然而事實是有力的，他的勤奮也是世人皆知的。在比爾・蓋茲的時間觀念裏，星期天是不存在的，對他來說，每天都是工作日。他辦事總是簡潔快速，從來不拖泥帶水，拖延對他來說是最大的罪過，懶惰更是他無法容忍的。

在與他一起共事多年的人眼裏，比爾·蓋茲就是一個工作狂。他一旦鑽進辦公室，如果沒有其他應酬，絕不會走出辦公室的大門一步，而且直到下班時間過了，他的下屬都離開了辦公室，他還在埋頭思考或工作。

比爾·蓋茲很少在打高爾夫這樣的休閒運動中花費時間，他認為，如果要健身就應該找一項有針對性的專案去鍛鍊，而不是通過打高爾夫去鍛鍊身體。

有一個在微軟工作多年的人說：「我們老闆在很大程度上影響了我的一生，他的時間觀讓我重新認識到自己以前的荒謬，浪費時間是一件多麼可恥的事。而老闆的行為卻告訴我，時間就是財富。」

比爾·蓋茲曾經說：「你也許沒有我那般富有，但有一樣東西你和別人擁有得一樣多，那就是時間。時間對於每一個人來說，都是公平的，不論你是誰，擺在你面前的時間，每天都是二十四小時。」

勤奮是敬業的最典型表現。在勤奮的老闆身邊做事，你也會變得勤奮，這種改變是不知不覺的，而且影響力是巨大的。他教給你勤奮是通往成功的捷徑，那些懶惰不努力工作的人，都無法達到成功的頂峰。

勤奮和成功是一對孿生兄弟，懶惰和失敗也是一對孿生兄弟，懶惰是一種消極的人生觀，也是一種被動的生活態度，他們視生活為一盤散沙，而自己就是一個未長大的嬰兒，每天隨意地撥弄這盤散沙，一會兒堆成一個城堡的形狀，一會兒又堆成一個小狗的形狀；堆累了，就跑開去休息，也不管所堆的是否完成。在他們眼裏，生活就如一堆沙子，工作亦是。對他們而言，他們喜歡怎麼樣就怎麼樣，沒有誰可以束縛他們，更沒有時間觀念。這樣的人只是隨心所欲地生活、工作，沒有目標，沒有理想。

如果跟著這樣一個老闆，你的前途就有點危險了。近朱者赤，近墨者黑，他的散漫懶惰會像瘟疫一樣傳染給你，輕則影響你一時，重則影響你一生。而一個人一旦沾染上散漫懶惰的因數，就會註定一事無成。

成功不是順手就能拈來的，成功是要靠勤勞的雙手爭取的。即使是最尊貴的皇帝，也要勤奮地工作，所以渴望成功的平凡人，難道不應該更加努力嗎？

很多人對生活都抱著「得過且過」的態度，所以生活中平凡者始終占大多數。那些站在金字塔頂尖的人，都是勤奮不輟地努力的人。

生活對每個人都是公平的，只要努力去爭取，成功會降臨在每一個人的頭上。但是如果一心想著「天上掉餡餅」，那麼只能平凡、庸碌地度過這一生。

美好的人生需要勤奮去創造，成功永遠屬於勤奮者。所以，想要取得成功，就要勤奮努力。勤奮是取得成功的最佳途徑！

2 品行端正的老闆教給你做人

天下的老闆各色各樣，性格、人品、學識、能力各不相同，跟一個什麼樣的老闆才是最好的，答案不一，但有一點卻是非常重要的，那就是人品。如果跟一個人品不端的老闆，且不說有被帶壞的可能，單說事業的成功方面，人品惡劣之人也難以有什麼大成就。所以，跟老闆一定要以人品至上，不要看其外表和善親切就認為他是個地道之人，而要善於從各方面觀察他的人品，一旦確認其人品端正，就堅定地跟下去，否則，只能誤了自己的前程。

人品好的老闆其表現為：心地善良，有社會責任感，有起碼的良知，不坑蒙拐騙，不做違法犯紀之事。在他們身上，你能感知到一個領導者的品行可以作為整個團隊的表率，在對待員工方面，他們更加體恤、關懷下屬，公正地處理事務，不會受小人左右，而做出品德敗壞之事；在對待客戶方面，他們不做劣質品，不搞欺詐，而是誠信做事，誠信做人；在對待對手方面，他們本著公平競爭的心態去做事，不會打破市場規則，暗箱操作，不會給對手使手段，搞破壞。雖然有一時的利益損失，但從長久來看，這樣的老闆絕對是一個大有作為的領導者，因為人心是最大的資本。

這樣的君子老闆才是打工仔們要跟的好老闆。

職場中佈滿了鉤心鬥角的漩渦。在品質不好的老闆眼中，每個人都是他手中的棋子，在

「他指哪你打哪」的過程中，你很可能成為他丟卒保車的犧牲品。而品德良好的老闆則不會做出有失公正的事，也不會以損害他人的利益達到自己的目的。為這樣的老闆做事，耳濡目染，你也能成為一個品德高尚之人。

有的老闆雖然生意做得不錯，但在做人方面卻很差勁。從他們身上，你也許只聞到銅臭味，而聞不到人情味。他們是重利忘義之人，是心狠手辣之人，是表面堆笑、內心藏刀之人。一個不懂做人的老闆，要想帶領一個團隊做出一番成績，似乎是不太可能的。一個人不懂做人，也就不會做事。做一個什麼樣的人，也就決定了能做多大的事。

大學畢業後，小靈和同學小蕾一起到一家企業分公司的廣告企劃部工作，這裏的上司是個很老實的人。小蕾覺得跟這樣的頂頭上司永遠也熬不出頭來，就千方百計地調到了總經理辦公室。總經理很欣賞他，很快，這個總經理就給了小蕾一個副科長職務。一個初出茅廬的新人能這麼快得到晉升實在不簡單，大家都這樣說，而小蕾卻說是碰到了好主管。但是好景不長，兩年以後，一場意外的風暴給小蕾帶來了「滅頂之災」。

原來，總經理為了鞏固自己的位置，拉幫結派，排擠有發展前途的副總經理，暗示他手下的弟兄們到處造謠，製造事端，阻止後備幹部的提拔，就這樣，小蕾被迫成了馬前卒。後來，總公司派人來調查，最終搞清了事實真相，原來一切都是總經理的陰謀。這時，總經理為了自保，把一切責任都推到了小蕾身上。此時，大家都對小蕾「另眼相看」了。最後，一切都明白了，撥雲見霧之後，總經理被平調走人，走之前，他倒是和副總經理「握手言和」，副總經理則當上了總經理。而可憐的小蕾則被結結實實地砸在是非坑裏——由於陷得太深，又沒有證據證明自己的清白，他被公司一擼到底不說，還背了個處分。

而小靈的上司、廣告企劃部部長，為人正派，在公司裏雖然不強勢，卻心胸寬廣，經常給新人提供展示才能的機會。和他在一起，小靈學到了不少職場處事之道。後來，這位上司當了副總經理，小靈則被這位上司推薦給了新老總，此後她的事業之路一帆風順。

有些老闆看上去很強勢，一副威風凜凜的樣子，其實早已是外強中乾，因為，一個人沒有了良好的品行做基礎，外表再強大都會有轟然崩塌的時候。所謂強勢與弱勢是互相轉化的，在職場中跟上品行端正、作風正派的好上司才是福分，才有真正發展的可能。

3 嚴於律己的老闆教給你公平

古人說：「其身正，不令而行，其身不正，雖令不行。」一個老闆就是一個公司的頭，所以，他的行為具有帶頭作用。如果老闆嚴於律己，以身作則，身體力行，自覺遵守公司的規章制度和商業道德，對工作兢兢業業，那麼，他在員工的心裏就會樹立較高的威望，在他的帶領下，員工也自覺地遵守公司的規章制度和職業道德，勤勤懇懇地工作。相反，如果老闆不能嚴於律己，時時給自己開小差，不務正業，那麼，跟隨這樣的老闆，其前途可想而知。

嚴於律己，才能有資格要求他人也按這樣的標準去做，如果一個人連自己都做不到的事，卻要求他人去辦到，就沒有多大的說服力，難以讓他人去聽從他的命令。古時行軍打仗的將軍，多是嚴格要求自己的人，如果他們放鬆了自己，部下就會不服，一個不服從的團隊，就是一個失敗的團隊。所以，將軍一旦違背紀律，往往也會受到嚴厲的懲罰，甚至會被殺頭。作為老闆，也要嚴格要求自己，這樣才能在下屬心中樹立威信，才能讓公司充滿公正。

「男人，就要對自己狠一點。」這是一句廣告詞。這句廣告詞有一種發聾振聵的力量，它已經成為生活在現代社會壓力下的許多人的座右銘。

這句話是一家廣告公司老闆提出來的，他自身就是一個「狠角色」：他視狼為公司的精神圖騰，以狼的智慧、兇狠來不斷激勵自己和員工。他常說的幾句話是：「人走我不走，殺出新血路」、「沒有好創意就去死吧！」這些聽上去兇狠的話，不光是對他的下屬說的，也是對自己的要求：做方案時如果沒有好點子，他會把所有的文案都斃掉，然後自己去做，想不出來的情況下就自己打自己嘴巴子。他就是用這樣的方法「逼迫」自己，做出了一條又一條的優秀廣告。

他對自己嚴格要求，也感染了下屬擁有這樣對自己狠的氣魄。可是，在下屬眼中，他雖然張狂，但絕對不是狂妄，他雖然對自己要求極「狠」，卻不是完全絕情，沒有一絲人情味。他對部下的關懷是備至的，是令人感動的，但關乎工作的時候，他就一定要嚴格要求。

十年過去了，他的公司由當初的八人到現在的一百五十多人，靠的就是嚴於律己產生的好創意。後來，這位老闆在談及自己成功的經驗時，說到這樣一個事實：每年他們至少有五十多次都感覺完全沒有任何靈感，此時就要對自己殘酷，逼著自己去想出辦法。無論是個人還是公司整體，要想成功就得對自己夠狠。

「寧做狂野裏奔嘯的狼，不做馬戲團裏漂亮的老虎！」這是這位老闆對自己的要求。在這樣的宗旨下，這家廣告公司捧紅了一系列品牌：北極絨、大紅鷹、聖象地板、中華英才網、金六福酒、柒牌男裝、雅客V9、361°、蒙牛霜淇淋……而這位老闆也憑著這些看似殘酷實則成功的行銷方案，取得了個人的輝煌的成功，而他的廣告公司也成為業界一匹黑馬，不斷刷新著他們的成績。

一個對自己要求鬆懈，對他人也過於寬鬆的老闆，是難以做出大成就的。社會是殘酷的，市場競爭更是如此，要想在這個時代出人頭地，公司要想佔有一席之地，就一定要嚴於律己，不要認為自己是老闆，所犯的錯誤就可以原諒，要知道，老闆就是下屬的參照物，老闆的一言一行都會讓下屬去模仿。

所以，跟著一個對自己要求嚴格的老闆，會讓你學到什麼叫做殘酷，什麼叫做競爭，也能讓你學到公正做事的準則。

4 嫉賢妒能的老闆不能跟

老闆雇用員工的目的是為了幫老闆做事，創造價值，使公司能夠發展壯大。雇用到非常優秀的員工，不僅是老闆的福氣，也是整個公司的福氣。如果老闆明知道這個員工很優秀，就對他不加理睬，或者進行打壓排擠，甚至是棄之不用，那這種老闆就是嫉賢妒能。最終，會使這些優秀員工不會把自己的能力用到公司的發展上面，不會為公司創造最大的價值，這是公司很大的損失，而且，這些行為還會影響到其他員工，導致公司員工人心不穩。

公司就是讓員工最大限度地發揮自己的價值，展現自己能力的平臺。跟一個肯重用自己的老闆固然是好事，但若碰到一個嫉賢妒能之輩，則是一種禍害了。

堯、舜二帝惜才禪讓帝位的故事在中國流傳了千百年，後人都被堯、舜二帝的胸襟和氣魄所折服。堯接受各部落首領的推薦，多方考察舜的能力，確定舜是一個賢德的人才，於是將帝位禪讓給他。舜登上帝位之後大有作為，他仿效堯的推選制度推選出了禹，將帝位禪讓給了禹。

堯、舜二帝的胸襟被人們所稱頌，他們沒有因為下屬的才華趕上甚至超越自己而打壓下屬，反倒給了下屬更廣闊的發展空間。老闆們如果想成大事，將事業做大，就應該學習堯、舜二帝的胸襟和氣魄。作為老闆應該識才、惜才，遇到有能力的人才應該珍惜、重用，使其為自己的公司效力，而不是多方打壓。

張繡原本是三國金融風暴時代裏的一個小企業，為了生存和發展，所以決定放棄自己的小公司，決定去加盟當時的兩大集團：曹操和袁紹。要跟隨哪個集團，張繡比較犯難。

而就在這時，曹操和袁紹正在為爭奪官渡的市場而競爭，都在想方設法擴大自己的實力，而且都希望張繡能夠加入到自己的集團，所以紛紛派出自己的使者去說服張繡。

當時張繡的人事經理賈詡把實力強大的袁紹公司給拒絕了，而是接受了實力較小的曹操。張繡很奇怪，就跟賈詡說：原來我跟曹操有過節，爭奪過市場，我們之間有很深的仇恨。應該接受袁紹才對。賈詡說：如果從目前的情況看，雖然袁紹的實力比較強大，但是曹操的發展前途卻更為廣闊。因為曹操是一個心胸廣闊，不計前嫌的人，而且虛心納薦，禮賢納士，他可以為了他們集團的發展和你既往不咎，而且還會重用你。但是袁紹就不一樣了，他目光短淺，嫉賢妒才，不會好好重用我們，而且他們的集團只是暫時的，以後垮臺的可能性非常大。

張繡聽完賈詡的話，覺得非常有道理，於是就加入了曹操的集團，此後曹操集團的發展果然一日千里，張繡在曹操公司也得到重用，事業上獲得了巨大的成就。

這裏就體現出選擇老闆的重要性，選對老闆可以讓一個人前途無量，選錯則意味著一次失敗，所以，選擇一個寬宏大量的老闆至關重要。如果張繡當初選擇了嫉賢妒能的老闆袁紹，則很有可能不被重用，甚或被殺。

這則故事同時也深含了老闆的用人之道：

首先，身為老闆要能聽取員工的意見。如果張繡是一個自作主張不聽員工意見的老闆，那他的下場不會好到哪裡去。

其次是曹操，身為老闆應該有不計前嫌的度量，曹操就有大將的風采，儘管在之前的戰鬥中，張繡殺了他的兒子和愛將，但是在集團的利益方面，則要能看清利弊。如果張繡跟隨了袁紹，那麼曹操在官渡的爭奪當中不會得到什麼好處。

最後就是袁紹，此人的信譽度比較差，沒有誠信。以至於小公司不敢去投奔，而且人員流失，最後他們的集團只有垮臺。

5 自以為是的老闆不能跟

現在好多老闆總以「天下第一」的身分自居，總是覺得自己很了不起，誰都不如他。雖然作為公司的領頭羊需要有這種爭取第一的幹勁，但是不能以「天下第一」的身分自居，否則就會立於「天下人負我」的處境了。

可口可樂是世界大企業之一，有時候，他們不可一世的態度也會給他們的企業釀成大禍。事情發生在比利時。一九九九年，突然有報導稱一些孩子出現嘔吐、頭昏眼花等症狀，最後家長和醫生把病因推到了可口可樂公司的頭上，認為是孩子飲用了可口可樂才出現了這樣的狀況。遠在幾千英里之外的可口可樂公司總部的技術人員，立刻做了一些化學分析，但是他們的分析結果是：可口可樂中並不含有讓孩子中毒的成分。面對孩子出現病狀的問題，可口可樂也就做到這一步，他們認為自己是對的，同時覺得自己是戰無不勝的。

但是現在的問題是，孩子們覺得自己生病了，孩子的父母也覺得他們病了，醫生同樣覺得他們病了，但是可口可樂公司的高層卻不這麼認為。儘管在當地的銷售額一落千丈，可口可樂公司的高級管理層也沒有什麼具體的行動。

後來，在外界的壓力之下，可口可樂公司宣佈當地的產品下架，也沒有向外界做出什麼合理的解釋，原因是可口可樂的領導層還覺得公司並沒有做錯什麼。可想而知，公眾對可口可樂的質疑是毫無疑問的，而且公司又拿不出可以反駁這一質疑聲音的事實。最後，這起負面事件導致可口可樂公司大規模召回產品，這在公司創業一百二十年來從來沒有過的。這讓公司損失巨大，公司也花了好幾個月的時間努力修復形象。品牌和名譽是無價之寶，就像一句諺語所說的那樣：「信譽勝千金。」

如果可口可樂的高層主管能在第一時間放下架子，立刻下架當地的可口可樂產品，然後再給消費者一個合理的解釋，最終的結果也不至於會這樣的糟糕。正是因為他們這樣的態度，導致了非常糟糕的後果，這就是我們俗語說得：「自食其果」。

如果遇到這樣自以為是的老闆，是沒有什麼辦法的，因為這樣的老闆在沒有「自食其果」之前，是不會聽別人的任何勸阻的。所以跟隨這樣的老闆，最終的結果就是失敗。

通過分析，可以發現自以為是老闆的特點：

1.**專權獨斷**

他們看重的是一個字：「權」，在他們的眼裏，他們的權力最大，任何人都要聽從指揮，任何人都不可以越權。而且，他們做任何事情都不跟別人商量，你只有老老實實按他說的去做就可以了。

2.**狂妄自大**

他們過分相信自己的能力，在他的眼裏別人都不如自己，特別是自己的下屬——既然是下屬，那你只有跟著我老老實實學習的份，至於別的事情，想都不要想。

3. 自吹自擂

他們總是在人前人後吹噓自己的能力，他們最大的特點就是在嘴上才能表現自己的能力。他們總會在客戶或者員工面前講述自己的構想，自己的高瞻遠矚，自己的能力有多好。同時，他們也會將自己的對手說得一無是處。

4. 不聽別人的意見

在他們眼裏，別人說的什麼話都不如自己的，而且自己是絕對不會犯錯誤的，即使有錯，自己也能夠發現改正。對於這樣的老闆，員工只要每天都把嘴巴閉得緊緊的就好了。

員工是要通過公司的平臺來實現自己的價值，想想看，要是整天在這樣的環境中工作，員工會有很好的表現嗎？會出人頭地嗎？第一關就會讓這樣的老闆給卡死。

所以，要睜大雙眼，及時遠離那些專權獨斷、狂妄自大、目空一切、自吹自擂的老闆！

CHAPTER 3

跟對人，打鐵還需自身硬

With the right people,
need their own hard blacksmith

1 勇於推銷自我，才能讓伯樂發現你

「毛遂自薦」的故事想必大家早已爛熟於心，一位普通的門客，憑藉自信和勇氣，憑藉膽識和智慧，自薦出使楚國，促成了楚、趙合縱，同時也得到了「三寸之舌，強於百萬之師」的美譽。

在現代這個人才濟濟的社會，一個人欲出人頭地、成就一番事業，除了要有一身真本事外，也要懂得像毛遂一樣不斷地推銷自己，向人們展示自己的才華。

有的人認為自己是塊金子，遲早會發光的，其實不然，金子如果被埋在泥土或被棄置陋巷，也難以有發光的機會。這正如一壇好酒，如果認為酒香不怕巷子深，那就大錯特錯了，酒的香味飄散起來也是有限的，如果巷子太深，恐怕站在街口的人將難以聞到酒的香味了。所以，是千里馬就要敢於亮相，俗話說：是騾子是馬拉出來遛遛。如果你自信是匹千里馬，那麼自己跳出來到伯樂面前一展好「身手」，也不失為實現理想的一大妙計。

想要成功就應該更新觀念，改變希望被人發現、被人找上門的念頭，而應該學會大膽地推銷自己，哪怕你就只有一項本領，如果你不展示，伯樂也不會知道你是個人才。不要妄想做被明主三顧茅廬才出山的諸葛亮，諸葛亮是曠世奇才，幾百年、幾千年才出一個，而你若自知無法與諸葛亮相匹敵，那就趁早放棄這個念頭，還是學一學毛遂，自薦倒也是個良策。

一位剛從中文系畢業的大學生去面見一家公司的老闆，試圖向這位總經理推銷「自己」——到該公司工作。

這家公司名氣很大，總經理又見多識廣，所以根本沒把這個初出茅廬、乳臭未乾的年輕人放在眼裏。交談沒幾分鐘，總經理便以堅定的口吻說：「我們這裏沒有適合你的工作。」

聽了這句話，大學生沒有「知趣」地離開，而是話鋒一轉，柔中帶剛地向這位總經理發出了疑問：「總經理的意思是貴公司人才濟濟，根本不需要多餘的人，即使是匹千里馬，似乎也無須加以利用，再說像我這種剛畢業的人，是否有成就還是個未知數，您覺得與其冒險使用，不如拒之於千里之外，是嗎？」

總經理沒有想到這個畢業生會說出這樣一番話，吃驚之餘，他沉默了幾分鐘，終於開口說：「你能將你的經歷、想法和計畫告訴我嗎？」

年輕人覺得推銷自我的機會來了，但倘若將自己的想法就這樣說出來，似乎顯得自己有點過於賣弄，於是，他又將了總經理一軍：「噢！抱歉，抱歉，我方才太冒昧了，請多包涵！不過像我這樣的人還值得一談嗎？」

總經理催促著說：「請不要客氣。」

於是，年輕人便把自己的情況和想法很詳細地說了出來。

總經理聽後，態度變得和藹起來，並對年輕人說：

「我決定錄用你，明天來上班，請保持過去的熱情和毅力，好好在我公司做吧！相信你有用武之地。」

試想，如果這個畢業生在聽到總經理說不需要的時候就轉身離開，他也許就不會有這個工作機會了。現在是一個講究凸顯自己個性的時代，適度表現自我也是一種成功的方式，所以身處職場的人們，在關鍵時刻恰當地「秀」一下自己，也不失為一個引起上司注意的好辦法。

是好馬你就要叫兩聲，不要讓時間埋沒了人才。你有才能，你有創意，但是不說，大家怎麼會知道呢？工作中，有的人不敢表現自我，怕被認為是出風頭，誠然，木秀于林，風必摧之，但不出風頭，你就只能被認為默默無聞，平庸無奇，最後只能被老闆當成可有可無的人。生活中，總有一些人哀歎自己英雄無用武之地。是的，他們是英雄，他們也想讓別人知道自己是英雄，卻羞於出口，怠於行動。他們習慣等待，習慣等待別人來發現自己。只可惜這個世界上千里馬很多，伯樂卻不常有，而且即使伯樂站在你面前，你若不在他面前跑一下，他也不會知道你是千里馬。

所以，初到一個公司工作，你可能因為「不熟悉」裏面的工作條件、人際關係，做什麼事情都不順手，很難贏得上司的青睞，於是你極為苦惱，甚至決定離開。但我們要說：在公司裏工作，你一定要學會用業績說話，用創新說話，否則你很難有出頭之日，除非你對自己的事業目標毫無指望。有時候，適度地凸顯一下自己的個性，也是實現自我價值必要的一步棋。

在現代社會中，人人都是推銷員，不論你從事何種職業，都是一位推銷自己的推銷員，你隨時都在向別人推銷你的觀點和意見，其主要目的就是讓別人認同你、接受你、欣賞你。在你沒有成功之前，表現自我便是通往成功的捷徑。在職場同樣如此，如果你滿腹才華，一腔抱負，就要學會推銷自我，這樣才能碰到識貨的老闆，你才能有機會找到一個施展拳腳的舞臺。如果你不主動向上司推銷自我，你的老闆絕不會無緣無故地注意到你。如果你只懂得日復一日地埋頭苦幹，而不懂得適當地展現自己，那麼你只能讓自己的成功來得更遲。只要有才幹，不妨自己主動站出來，表現出自己應有的才能。

2 專業技能必須精益求精

跟對人固然重要，但若自身沒有一身真功夫，要想博得老闆的賞識也是非常困難的。有的人只有嘴上功夫，吹噓自己多麼有抱負，多麼能幹，如果給他一份工作真的做一下，他的真實水準會立刻暴露出來，令人失望。如此這般，又如何獲得老闆的認可呢？

技術能力在眾多能力中佔據首位，這是決定企業是否聘用一個人的重要因素。

一個人才做得好壞，決定了他能否博得老闆的賞識。企業的發展離不開人才的支撐，只有具有優秀能力的員工作為企業的支柱，才能為企業帶來美好的發展前景；同理，一個人只有擁有過硬的技術能力，才能立足於企業，擁有自己的一席之地。因此，不論是誰，都需要擁有自己的一技之長，以業績為目標，努力工作，以高標準來要求自己，創造出不菲的業績，如此才會得到老闆的重用。

社會的發展離不開人才，而現今的人才要具備過硬的綜合能力。在激烈的競爭環境中，優秀的人才永遠都是緊缺的，而綜合能力與素質過硬的員工，則是永遠受公司青睞的人。

美國偉世通亞太區人力資源總監麥康葆在接受採訪時，曾這樣說道：「優秀的人才永遠緊缺」，「我們所指的優秀人才是在聘用過程中一名員工體現出的綜合素質和發展潛力，而不僅僅是以往的工作成績。」和偉世通公司一樣，很多公司也都這樣來定義自己所需要的優秀人才，在招聘時，更看重應聘人員的綜合能力和素質。如智慧水準、工作主動性、人際關係等。

隨著社會的發展，公司對員工們在專業技能方面的要求也越來越嚴格。除了具有過硬的專業知識、熟練的崗位技能外，還應具備高、新專業的水準，這樣才能保證你在競爭中保持不敗。隨著專業資格認證、知識、觀念等因素的影響，每個人的職位和薪水都在不斷地變化，誰掌握了新的專業技能，誰就掌握了用來開啟高薪、高職的大門鑰匙。

那麼，如何掌握好自己的專業技能呢？

1. **有著紮實的專業知識做基礎**

要獲得精湛的專業技能，首先必須掌握紮實的專業知識。系統的專業基礎理論和專業知識，是掌握和提升專業技能的根本所在。沒有這個根本，你就會只知其然而不知其所以然，學習到的東西也是死板的東西，很難得到昇華；而有了這個根本，你才能將自己學到的東西靈活運用。

2. **多在工作中運用這些技能**

崗位技能的學習和提高，單靠看書是不行的，還要依靠實際的工作訓練才行。因此，要把工作崗位作為課堂，以學習的態度對待崗位工作，只要你肯用時間、肯花心思，主動地在實際工作中積累經驗，就能熟練地掌握這一技巧。

3. **對相關的專業技能要精益求精**

很多人在獵取知識或學習技能時，常常蜻蜓點水、淺嘗輒止，而很少追求精通和完美。一門技術如果達不到精通，就不具備競爭優勢，這樣的人將會很快被其他高技能的人才所替代。所以，一個人身在職場，要熟練地掌握一項精湛的技能，為以後的發展打下堅實的基礎。

的確，作為員工有一技之長，本身就說明其個人素質及職業素質超過一般人。如果能夠創造一個適當的環境，就可以成為公司的骨幹，甚至成為老闆的得力助手。就價值而言，具有專業技能的員工含金量更高，也是公司蓬勃發展的依託。

小亮在一家廣告公司上班。一次，老闆讓他為一家知名企業做廣告文案。小亮用了一天的時間就把這個文案做好了。他高興地去見老闆，老闆一看不行，又讓小亮重新寫。小亮又用了兩天時間，重新寫了一份文案，雖然覺得寫好的文案不是特別完美，但也沒問題，小亮把它呈報給了老闆。老闆仍然是那句話：「這是你能做得最好的文案嗎？」小亮一怔，沒敢回答，老闆把文案又還給了他，讓他拿回去重新斟酌，認真修改。

小亮回到了辦公室之後，費盡心思，多方查找資料，埋頭苦幹了一個星期，把徹底修改好的文案交了上去。老闆看著他的眼睛，依然問：「這是你能做的最好的文案嗎？」小亮信心百倍地回答：「是的，我認為這是最好的文案。」老闆說：「好！這個文案批准通過。」

這一次的工作經歷讓小亮明白：只有不斷提高能力，並養成認真負責的工作習慣，才能把工作做得盡善盡美。小亮在以後的工作中變得越來越出色，成為公司裏最受老闆器重的人。

作為一名員工，要想在人才濟濟的職場之中脫穎而出，就必須在自己的專業技能上有過硬的本領，這樣才能引起老闆的注意，並受到同事的欽佩，從而奠定自己業務骨幹的地位，為今後的發展打下堅實的基礎。

洛克菲勒剛開始在石油公司上班時，沒有學歷，沒有技術，所以他被分配到工廠做檢查石油罐蓋有沒有焊接好的工作。這樣的工作在整個公司是最簡單、枯燥的工作之一。當洛克菲勒每天看著焊接劑自動滴下，沿著罐蓋轉一圈，再看著焊接好的罐蓋被傳送帶移走。半個月後，洛克菲勒忍無可忍，他找到主管請求改換其他工作，但被拒絕了。

毫無辦法的洛克菲勒只好重新回到焊接機旁，既然換不到更好的崗位，那就把這個不好的工作做好再說。

從此，洛克菲勒開始認真觀察罐蓋的焊接品質，同時也仔細研究焊接劑的滴速與滴量。慢慢地，他發現每焊接好一個罐蓋，焊接劑要滴三十八滴。但是，經過他計算後發現，只要三十七滴焊接劑就能將罐蓋完全焊接好。經過反覆地測試和實驗，洛克菲勒終於研製出了「三七滴型」焊接機。就這樣，每個罐蓋就比原先節約了一滴焊接劑。不要小看這一滴焊接劑，一年下來卻為公司節約了幾百萬美元的開支。

洛克菲勒就是憑藉著精益求精的專業技能，逐步成為了世界石油大王，他成功的法寶便是精益求精。任何事情如果抱著一種精益求精的態度去做，都能做得很好。所以，不要認為你現在擁有的技能已經足夠了，要知道，山外有山，人外有人，技能永無止境，如果肯不斷地追求完美，你的技能就會達到無人匹敵的水準。

然而，在日常工作中，很多員工不能適應本職工作，就是因為他所具備的知識和技能與工作要求不相符。對於這一點，解決辦法就是：在本職工作中豐富自己的知識，提高工作技能。這要求每一名員工除了要有堅強的毅力外，還須掌握科學的方法和具有足夠的自信心。

總之，掌握好自己的專業技能，是每一位員工生存的根本，也是公司重用你的原因。因此，員工要把「精業」作為自己工作的目標，不斷地激勵自己、提高自己。在工作中追求盡善盡美，從而在競爭激烈的職場之中，讓自己脫穎而出，成就更輝煌的事業。

3 忠誠的員工老闆最看中

法國作家左拉曾說：「忠誠是通向榮譽之路。」

現代社會，人才遍地，人才日益呈現出多種多樣、供過於求、又紅又專的局面。可以說，現在最不缺少的就是人才。但是真正的人才，不但要有過人的才幹，還要有忠誠的品質。

在現代社會，忠誠已經不是絕對的、僕從一樣的人身依附關係，而是一種基於與「契約精神」的權利和義務對等意義上的忠誠，即使這樣，很多人對忠誠不是理解誤會就是不屑一顧，有的人以為自己人微言輕，工作也無關緊要，忠誠只是那些高官權貴、身在重位的人的事，有的人認為，自己是用勞動力去換老闆手裏的鈔票，他出錢我出力，天經地義，用不著忠誠，還有的人整天詛咒自己的老闆早日破產……在這種情況下，忠誠根本無從談起。忠誠是全心全意的效忠和擁護。國家的繁榮安定、家庭的幸福美滿、事業的蒸蒸日上、集體的安定團結，都離不開忠誠。

忠誠不是討價還價的籌碼，也不是投機取巧的手段。忠誠是對自己行為和責任的尊重和執著。很多時候，用人單位寧願選用一個忠誠敬業、能力稍差的人，也不肯重用一個朝三暮四、沒有責任感但有能力的人。如果你是老闆，也肯定會這麼做。同樣，要想成為一名優秀的員工，最大的價值在於忠誠。

一位小國的王子外出，看到一所房子裏燈紅酒綠，門外屋簷下，一個僕人光著腳正緊緊地抱著主人的一雙拖鞋在睡覺，他上去試圖把那雙拖鞋拉出來，卻把僕人驚醒了。這個僕人深深地感動了王子，他認為對一件小事都如此細心認真的人，必定可以委以重任，於是，他任命那個僕人為自己的貼身護衛。這個僕人果然對王子忠心耿耿，然後很快升到侍衛長，並最終依靠自己的努力和忠誠當上了王國軍隊的司令官。

老闆固然最看重員工的能力，因為一個公司的興衰與每個員工的努力休戚相關，員工的能力和創造力是企業競爭力的保證。但是如果沒有責任感和忠誠之心，整個企業無異於一盤散沙，團體的凝聚力、團隊的創造力都會大打折扣。相比之下，那些有明確的原則和堅定的忠誠信念的員工會更有責任感，他們知道該如何腳踏實地的去工作，去提高效率。

一個員工的能力是老闆很看重的，只有能力才能為企業帶來價值，但如果沒有忠誠之心，再有能力，也不會收到好的效果。

員工對企業的忠誠是企業發展的靈魂，一個團隊如果沒有忠誠之心，就會如一盤散沙，沒有凝聚力，沒有競爭力，外面的一點風吹草動就能讓這個團隊搖搖欲墜。

現代社會的競爭其實是人才的競爭，而人才的競爭除了最基本的能力競爭之外，也是忠誠精神的競爭。

每一家公司都不缺乏各種有能力的人，但是每個企業都渴望擁有既有能力又忠誠於公司的人。從管理者的角度來看，只有這種人才是公司真正需要的人才。只有忠誠於自己公司、忠誠於自己事業的員工，才能夠給公司帶來發展。從員工來說，忠於工作，不僅僅是有良心、心態端正的體現，更是一種契約精神的體現。職業可以變化，能力可以提升，但是責任是永遠不變的。責任是忠誠的拐點和方向。沒有了它，忠誠就變味了，忠誠一旦變味，奉獻意識也會隨之流失。

忠誠是一名員工對公司負責的表現，而忠誠的態度則是公司發展的前提。對公司不忠誠的人，只會越來越輕視自己的工作，所做的一切只是在敷衍了事，得過且過。對於員工而言，若沒有將情感和力量投入到工作中去，則根本體會不到工作的自豪和快樂。

「我們需要對公司忠誠的員工」，這是所有老闆們共同的心聲。在老闆看來，只有員工對公司保持忠誠，才能給公司帶來利益。一旦忠誠的天平被打翻，企業的命運也將發生改變。

二十世紀七〇年代，一家公司生產的皮包先是在國內熱銷，然後遠銷東南亞各國，企業在當地聲名鵲起。

到了八〇年代初期，產品技術含量下降，市場上同類產品層出不窮，該企業的產品市場面積逐漸縮小，面臨被淘汰的命運，企業效益也日益下降。公司內部就管理方法發生了分歧，一個公司高層一怒之下帶領自己的部分人馬投靠了其他公司，

公司在資金欠缺的情況下，經常拖欠員工工資，員工人心渙散，許多人對工資不能按時發放心懷不滿，就在下班時偷盜公司產品，然後拿到市場上去換錢。為了防止員工偷盜產品，公司設置了安檢，加強了搜查。這樣反倒是招致了更多的不滿，越來越多的人離開了公司。剩下

的人更是人人自危，偷盜也越來越公開化了，最後，虧損越來越嚴重，企業最終還是倒閉了。

例子中，皮包公司的倒閉很大程度上源於員工對公司忠誠意識的流失，如果在公司困難的時候，每個人都挺身而出，承擔起自己應盡的責任，公司也不至於在那麼短的時間內倒閉。這個公司的倒閉是在眾人的「推動」下進行的，公司高層的不統一，使得公司在大方向上指揮失當；員工責任心喪失，企業戰鬥力下降。曾經為之效勞過的公司倒閉了，每個人應該都有辛酸，有的人離開還可以自尋活路，有的人可能就踏上了永久失業的道路。

雖然現在的公司已經完全不同於原來的工廠，但是員工的忠誠同樣是不可少的。每個公司不論大小，都是每個管理者歷盡艱辛才建立起來的，也都投入了大量精力、財力和人力，企業的目的很簡單，就是盈利，盈利的前提是企業存在並有著利潤收入，這在很大程度上與老闆對企業的忠誠，員工對工作的忠誠是分不開的。

其實，很多時候，員工對老闆的忠誠就是對公司的忠誠。一個對自己公司不忠誠的員工，不會得到同事的尊敬，也不可能得到老闆的信任和重用，有時候對公司來說，甚至是一種潛在威脅。

二十世紀三〇年代，一家負債累累的小工廠被美國福特公司收購了。董事會的成員都覺得不可思議，這樣一家毫無實力可言的小工廠怎麼會進入福特的視野呢？福特公司總裁福特先生意味深長地說：「因為那裏有思坦因曼斯！」

思坦因曼斯為何有如此大的魅力吸引一個大企業家？思坦因曼斯只是一位普通的工程技術

人員。他在這家小工廠擔任製造機器馬達的技術工作。由於思坦因曼斯很愛鑽研，很快他便掌握了馬達製造的核心技術。

一九二三年，福特公司有一台馬達壞了，公司所有的技術人員都沒有辦法修好。之後，也聘請了很多同行專家，也沒能解決。正在一籌莫展的時候，有人推薦了思坦因曼斯，福特公司馬上派人去請他。思坦因曼斯什麼也沒說，只是要了一張席子鋪在電機旁，先聚精會神地聽了三天，然後又要了梯子，爬上爬下忙了多時，最後他在電機的一個部位用粉筆畫了一道線，寫下了「這兒的線圈多繞了十六圈」。當福特公司的技術人員按照思坦因曼斯的建議，拆開電機把多餘的十六圈線取走後，再開機，電機馬上能正常運轉了。當時，福特公司總裁福特先生很是吃驚，對這個了不起的技術員也很欣賞，於是就邀請思坦因曼斯加盟福特公司。但思坦因曼斯卻拒絕了，他說他不能離開那家小工廠，因為那家小工廠雖然實力並不雄厚，但是小工廠的老闆在他最困難的時候幫助過他，他不能在這個時候離開。福特先生儘管覺得很遺憾，但還是被他的忠誠所打動。

之後，福特先生一直對這個有才華、有品德的年輕人念念不忘，他很希望思坦因曼斯能夠加入福特公司。後來，福特做出了一個令人震驚的決定，那就是收購思坦因曼斯所在的小工廠。

福特是美國實力雄厚的大公司，人們都以進福特公司為榮，而思坦因曼斯卻因為對人負責而捨棄了這樣的機會。這種精神正是一種可貴的忠誠，正是這種忠誠讓一個大企業家感動不已。因為，在這個世界上並不缺乏有能力的人，而那種既有能力又忠誠的人，才是每一個企業企求的最理想的人才。

李嘉誠說：「我相信只有堅守原則和擁有正確價值觀的人，才能共建一個正直、有秩序及和諧的社會。」著名商業大師巴納姆也說：「如果你得到了一個有能力的幫手，最好的辦法是把他留在身邊，為你效力。因為，他每天都會有新的收穫，你也會從中受益，如果他沒有不良習慣且對你忠心耿耿的話，無論如何都不應該讓他離開。」

沒有哪個老闆願意每天都去更換自己的員工，如果你頭腦足夠靈活，又足夠忠誠，別擔心，你就是老闆最需要的。

因此，員工只要對公司足夠忠誠，就能贏得老闆的信賴和重用。相反，若是自己對公司不夠忠誠，到頭來只有一個結果等著他——走人。

4 進取的員工老闆最欣賞

拿破崙說：「不想當元帥的士兵不是好士兵。」他這句話裏彰顯了銳意進取的王者氣勢。進取是在對現狀不滿的情況下對更高、更遠目標的追求。一個人想要獲得成功，就必須敢於打破現狀，擁有進取的激情。勇於進取是成功者身上最大的亮點。

在工作中，進取精神體現在對工作的主動性上，一個人只有勇於發現自己的不足，敢於挑戰高難度的工作，才能更深一步挖掘自己的潛力，追求更大的發展空間。卡內基說過：「有兩種人絕不會成大器，一種是除非別人要他做，否則絕不主動做事的人；另一種是即使別人要他做，也做不好事情的人。那些自動去做而且不願半途而廢的人必將成功，這種人總是要求自己多付出，而且做得要比預期的更多、更好。」

進取精神飽滿的人從來不會滿足現狀，他們總是樂於探索、前進，這恰是社會前進發展的最基本動力。同樣，每個公司也都需要這樣的員工，因為他們在提升自己能力的同時，也能給企業帶來利潤和效益。有這種人在，整個企業都會在他的帶動下顯得生機盎然。

湯姆出生在美國西部鄉村，小學畢業之後，就隨著父親做了木匠，但他不甘心一輩子做木匠。三年之後，他遇到一個機會來到石油大王洛克菲勒的建築工地打工。雖然薪水很低，但是湯姆很珍惜這個工作機會，當其他人在抱怨條件辛苦、待遇不好的時候，湯姆毫無怨言，興致勃勃地向周圍的同事請教不懂的問題。

一天，公司的負責人到工人宿舍視察時，看見了湯姆正趴在桌子上看書，他翻了翻湯姆的工作筆記，什麼也沒說就走了。不久，經理把湯姆叫到辦公室問：「你學那些東西幹什麼？」湯姆認真地說：「我不想一輩子做打工者，我想做一個有技術和知識的管理者。」

過了不久，湯姆由於表現優異被破格升任為技師。其他工人都向湯姆尋求秘訣。他說：「我不光是在為別人打工，更不單純是為了賺錢，我是在為我自己工作。所以，我利用每一分時間來獲取更多的知識，從而向更遠處邁進。」

湯姆被提為技師之後並沒有停歇，他依然努力進取，刻苦鑽研，知識和經驗都得以提升，經過幾年的時間，他就進入了公司的管理高層。

很多時候，人們過於追求學歷、職位這些外在形式上的東西，從而忘記了向遠處瞭望。在工作中保持一顆進取心，有利於你去認真規劃，認清目標，做到精益求精。故事中的湯姆本是一個沒有學歷的木匠，但是由於他勇於追求，在工作中始終保持一顆進取心，披荊斬棘，銳意前行，最終獲得了成功。

一位老闆是這樣描述自己心目中的理想員工：「他必須奮鬥，有進取精神，勇於向『不可能完成』的工作挑戰。」事實上，這種人在現在並不多見。反之，膽小謹慎、懼怕挑戰的人比比皆是。一個缺乏進取心的人，在工作中也必然抱著應付了事的態度，也就無所謂成績和突破，這樣一個沒有膽識、沒有進取意識的人，也必定無法為公司創造更多的財富。

每一個有高度進取心的員工都是企業的財富，他們的熱情和動力會在行動中散發出來，影響著其他員工，在他們的帶動下，整個公司慢慢就演化成一個善於思考、勇於創新的團體。

阿勇在一家大型建築公司當監工，工地工作很辛苦，常常是風裏來雨裏去，一身泥一身土，阿勇毫無怨言，他還給自己立下了規則：不求最好，但求更好。

一天，老闆安排他的部門為一個客戶做一個工程設計，恰好他部門的設計師當時請假回老家去了。經理二話不說就把任務丟給了阿勇，並限制在一星期的時間內完成。阿勇雖然對設計有所瞭解，但是自己從來沒有單獨做過設計，接到任務後，阿勇沒有抱怨就開始了工作。他花了三天時間去向其他部門的施工員請教專業知識、查資料，又花了兩天時間去請教自己的同學，最後兩天時間他把所有精力都投入到了方案設計上，當他把自己的設計方案拿出來時，經理看後當場就表揚了他。

後來，經理被調到其他部門任職，臨走時告訴阿勇：「我知道當時把任務推給你，有失公允，畢竟你不是設計師，但是，上司命令我們必須把方案儘快做出來。我相信你的進取精神，所以我選擇了你，你果然沒有讓我失望，現在我一樣欣賞你，這次我走時向上級推薦的經理候選人就是你！」

案例中的阿勇，如果僅因設計不是自己的工作就順手推掉，也無可非議，但是，也正是他的勇於擔當、銳意進取，為他後來的升職鋪好了道路。每個領導者都希望自己的下屬是優秀的。追求成功、幸福和財富，是人類天生的不可剝奪的權利，也是與生俱來不應放棄的責任和義務，西方的許多成功人士認為：貧窮不是恥辱，但是，很多時候它是一種疾病和惡習，有的人不是窮在金錢和物質的缺乏，而是窮在信念、熱情、進取意識的不足。

比爾是一家圖書公司的老闆，他很久以前也只是一個普通的圖書推銷員。當年，在一本書上看到「每個人都擁有超出自己想像十倍以上的力量」這句話，給了他奮起直追的力量，現在，他重新品味這句話，他發現自己由於自由散漫已經錯過了許多和顧客打交道的機會，深刻的自我反省之後，他制訂了嚴格的工作計畫，並且每一天都付諸行動。

半年後，比爾回頭查看工作進展，發現自己的銷售量已經增多了兩倍。兩年之後，比爾有了四家屬於自己的圖書連鎖公司。

時間就像海綿裏的水，只要擠，總是有的。潛力也一樣，每個人的潛力都是無窮的，如果你現在表現優秀，但是內心對自己的表現仍然不滿，那麼恭喜你，你是一個有潛力的人，你的潛力有待挖掘。相比在工作中因一點成就而沾沾自喜的人，你才是值得驕傲的。進取是通往榮譽之路，輕易滿足是阻擋你步入輝煌的最大障礙。

現代社會，市場競爭越來越白熱化，任何企業，一不小心就有可能被後來者代替，市場需求永遠是無休止的，企業沒有權利對市場說「我不能」，所以每個員工也不可能對老闆說「我不能」，否則的話，你將會被無情地淘汰出局。所以，努力上進、力爭上游才是你最好的出路。那些只想要結果，不想努力的人，也只能靠藉口度過自己的一生。所以，為了不讓機會與你擦肩而過，保持旺盛的精力，努力去進取吧。

5 敬業的員工老闆最喜歡

每個即將開始工作的人都會問：老闆都喜歡什麼樣的人？企業最需要什麼樣的人？有的人說有能力的人最受歡迎，有的人說辦事認真的人老闆最喜歡，但是，不論是否有能力，是否認真，如果沒有敬業的工作態度，這些都將毫無意義。

敬業就是對工作負責，這不但是行動上的全力以赴，更是精神上的全神貫注。要想成就一番事業，曲折、困難在所難免，只有深入其中，才能體會其中意味。敬業意味著投入更多的精力和時間，古往今來，那些成就非凡的人無不以行動給人們詮釋了這兩個字的含義。諸葛亮才華橫溢、功德蓋世，但是，他一生不辭辛苦，兢兢業業，為國為民，殫精竭慮，最終實現了他《出師表》中所說的：「鞠躬盡瘁，死而後已。」七十五歲的阿基米德在被羅馬士兵殺死的前一分鐘，還在沉醉地畫著自己的數學圖形。

有人說：「貢獻於我們深愛的工作，才能締造更大的快樂、福祉、繁榮和非凡的未來。」敬業是最重要的職業精神，也是獲得職業發展的重要條件。敬業是一種非常珍貴的工作態度，只有敬業的人才會對工作負責，才會處處以公司的利益為重，處處為公司著想。敬業精神是企業文化的重要內容。一項調查顯示：學術資格已不是公司招聘首先考慮的條件，更重要的是新招來的員工有正確的工作態度。大多數雇主認為：迄今為止，這是公司在雇用員工時最優先考慮的，其次是工作人員應該具有職業技能，接著是工作經驗。一家大企業的老闆這樣說：「一個人對待工作的態度也是他對待生活的態度，這個態度將表明他在生活中是一個積極的人，還是消極的人。」

公司為每個員工提供工作，實際上也是給一個人生存發展的空間，只有好好把握、認真對待，才能對得起公司的信任。但是現實中，職場中人都存在一種偏激的想法，認為敬業無非是管理者愚弄員工的手段，是為了讓員工更賣命，最大的受益者還是公司。其實不然，敬業對於員工來說，是最安全可靠的生存方式，因為敬業鑄就信賴，信賴鑄就成功，只有敬業才能激發責任心，才能最大限度地發揮個人潛能，取得成績，很多人就是本著對自己工作的熱愛，在平凡的崗位上取得了不平凡的成就。

很多人對工作缺少熱情就是因為他們以為自己是在給老闆賺錢，工作不論好壞，工資都不會變，但是反過來想一下，就是因為每個人都這樣想，公司整體效益才不會提高，你的工資也永遠不會改變。沒有熱情何談敬業、不敬業，你的工資和工作永遠都不會有大的改進，很大程度上，這也形成了一個惡性循環。

敬業的人可以從工作中獲得自信，學到更多的東西，體會到常人不能體會的樂趣，這一點，每一個熱愛工作的人都深有體會。「文藝復興三傑」之一的米開蘭基羅，作品繁多、各具神韻。他不但是雕塑家，還是畫家、建築師和詩人。他的許多作品穿越時空，讓後人膜拜不已，他之所以在藝術上碩果累累，源於他內心對藝術無限的熱愛和忠誠，在他看來，有一份工作，並熱愛它，自己就是幸福的。你或許永遠都成不了米開蘭基羅，但是卻可以擁有他的精神。

也有人就成功的要素請教過英國哲學家杜曼，他說：「喜歡並熱愛自己的工作，如果你熱愛自己的工作，你就會忘記時間和勞累，你會不覺得是在工作，反而感覺自己是在做遊戲。」下面來看一下「世界上最偉大的推銷員」喬・吉拉德是如何工作的。

二十五歲時，吉拉德因事業失敗，背負上巨額債務，他一度產生了輕生的念頭。後來經人介紹，他去做了一名汽車推銷員。剛開始的時候，他覺得這份工作只是自己暫時養家糊口的工具而已。

當他費盡口舌賣掉第一輛汽車後，成功的喜悅使他的內心發生了一次「地震」。他下定決心，一定要成為最好的汽車推銷員。從此以後，吉拉德把心思全用在工作上，到了如癡似狂的地步。有一天，他的兒子病了，妻子打電話讓他到醫院去，他剛脫下工作服，一位客戶服務人員告訴他，自己剛買的汽車有點毛病，想請他調理一下，他二話沒說，換上工作服就鑽到了車底，幾個小時過後，他又飛一樣趕到醫院，到了那裏，他發現妻子摟著兒子睡得正香，他就在病房的牆角蹲了一宿，第二天一早又上班去了。

正是由於對事業的熱愛，吉拉德才創造了一天賣出六輛車的銷售奇蹟。據統計，那時世界上汽車推銷員的平均銷售記錄是每週售出七輛，後來在被人問及他是如何取得成功時，吉拉德說：「熱愛自己的工作，不要把工作看做是負擔，其實我們是在為自己工作，如果你喜愛自己的工作，一切都不會影響你。」

許多人都很有才幹，他們有的口才超群，有的見識不凡，有的聰明過人，但是他們生活狀況並不好。造成這種狀況的原因是什麼呢？不是專業不對口、學無所成，就是不夠專心，做起事來虎頭蛇尾，到頭來卻是聰明反被聰明誤，他們被自己的聰明所迷惑，在工作中漂浮不穩定，最終一事無成。

在老闆眼中，敬業的員工就是好員工，也是企業發展所需要的。所以，無論你做什麼樣的工作，處於什麼樣的地位，只要從現在開始，恪盡職守、忠誠敬業，把自己的聰明才智奉獻出來，你就能獲得老闆的青睞。

6 勤奮的員工老闆最歡迎

雖然衣冠亮麗的成功人士中不乏投機取巧之徒，但是，許多人的成功還是靠自己辛勤努力得來的。

歷史上天賦極高的人很多，但是很多有天賦的人慢慢都趨於平庸，這與他們的放任和懶散有關。有的人天賦很低，但卻通過自身努力，一步一腳印，最終取得了令人矚目的成就。雖然取得成就的過程充滿艱難困苦，但是，他們的幸福之果比那些手到擒來的果實更為甘甜多汁。

許多公司和各種組織中都普遍存在投機取巧的現象，有的員工還為此沾沾自喜，在他們看來，那些埋頭苦幹的員工都是不開竅的傻瓜，只有自己才是聰明人。這已成為現代企業的一大痼疾。勤奮是取得成績、獲得發展的前提，也是人們在職場中獲得發展的前提。要想在這個時代不斷發展、脫穎而出，必須比以往任何時代都要更加勤奮。

從前，有兩個和尚分別住在相鄰的兩座山上，山下有條河，他們每天都到山下去挑水，慢慢就成了朋友，就這樣在不知不覺中兩年過去了。有一天，一個和尚發現對面山上的和尚沒來挑水，起初他沒有在意，但是，十多天過去了都沒有見到人，他以為對面的和尚病了，就去看望他。當他來到山上時，看到那個和尚好好的，正在給花澆水呢。他不解地問：「每天都沒有見你去挑水，難道你就不用水嗎？」澆花的和尚笑著把他領到一口井旁，「這兩年裏，我每天利用空閒的時間挖這口井，兩年了，從未放棄，現在終於挖到水了，再不用去挑水了。」

例子中的和尚之所以能喝上水，離不開他天長日久的勤奮努力。勤奮是什麼？勤奮就是認真努力做好一件事情，不怕吃苦，踏實工作。只有勤奮的員工，才能最大限度地發揮出自己的才能和潛力，為公司創造更高的利潤，無論走到哪裡都能受到老闆的喜愛和歡迎。但事實上，這樣的員工並不多。職場中的許多人總是這樣抱怨：「為什麼我工作這麼賣命，老闆依然不給我加薪？為什麼那個工作一點都不努力的某某，卻被提升了？」其實，是他們的「惰性」阻礙了他們的發展，那些付出一點就有吃虧感的人，遠離勤快，也就遠離了成功。很多看似能夠有所成就的人，但最終都沒有取得成功，原因就在於他們鄙視勤奮努力，或安於現狀、不思進取，或略施小計、投機倒把，豈不知，就是這些小毛病、小聰明，使他們在得到片刻利益的同時卻失去了很多。

「一份付出，一份收穫。」你付出得少，就必然無法有豐厚的收穫。在工作中懶懶散散的人，老闆是不會給他加薪的。因為，世界上沒有免費的午餐。

如果你現在還拿著微薄的薪水時，千萬不要氣餒，只要雙手勤快，成功也一定會被你抓在手裏。在職場中，人們總是看到有些本來人職位低下、薪水微薄，忽然就被提升到一個重要的位置，對於這種現象很多人不能理解，有的人都會往背景、人情方面去聯想。其實，沒有一個老闆會糊裏糊塗地給員工晉升、加薪，只有他認為值得的人才會那樣做。而這些人中就包括那些工作勤勤懇懇、兢兢業業、不計較一時得失的人。熱愛自己的工作，始終不放棄努力，保持勤奮、盡善盡美的工作態度，滿懷希望和熱情地朝著自己的目標而努力，而就是這些使人得到晉升和加薪。

所以，如果你想要獲得豐厚的薪水，或者讓老闆心甘情願地給你加薪，那麼從現在做起，克服懶惰的習慣，放棄不勞而獲的心理，這才是最值得考慮的。也許，你現在的薪水不高，工作也極其艱苦，也沒有機會施展才華，這些都不必擔心。古人云：「天將降大任於斯人也，必先苦其心志，勞其筋骨，增益其所不能。」那些有所成就者，大都歷經磨難，才有了最後的輝煌。你只需要把這看成是生活對你的考驗，對一切盡力而為之，這些磨練終將使你受益一生。

十六年前，唐駿加入微軟的時候，還只是一名普通的軟體工程師，當時的微軟公司有員工一萬多名，他只是其中的普通一員。但是唐駿勤奮好學，他的這個習慣在微軟也繼續保持著。

一九九四年開始，微軟開始在全球大力推廣Windows作業系統，公司組建了一個三百多人的開發團隊，重點是克服語言差異，改寫英文版的源代碼。由於語言限制，中文版的產品可能比英文版的上市更晚。

唐駿暗下決心，要改變目前的狀態，他利用業餘時間，自己在家裏設計軟體構架、編寫代碼。檢驗成功之後拿到了老闆的面前，他的方案迅速被總部接納，三百多人的創作團隊被大幅度壓縮，唐駿也被提升為該團隊的經理。

微軟在三年後將開發眼光投向了中國，此時的唐駿已是微軟Windows NT開發部門的高級經理，他主動要求回國創辦技術支持中心。幾個月後，中心就投入運營，半年後，技術中心的各項指標在微軟各大公司中已經上居首位。唐駿也獲得了公司的最高榮譽：比爾・蓋茲總裁傑出獎。他在一次講話中說：「我的一切成功皆出自於勤奮。」在他看來，只有勤奮的人，才能最終品嘗到勝利的果實。

為什麼唐駿能夠在短短的幾年時間內，從一名普通的軟體工程師做到了微軟中國區的總裁？真的是因為他很聰明嗎？然而，在唐駿自己看來，他並不是一個聰明的人。但他卻是一個勤奮的人，正是他幾十年如一日的勤奮，才成就了他的輝煌。

通過例子可以看到，成功很多時候和智商、家庭遺傳、背景等都沒有關係，只要你有夢想，肯付出，一切皆有可能。一把鈍刀，在石頭上反覆打磨，日久天長，也是鋒利無比，一個天生駑鈍的人，只有不斷學習，才能有所進步。卡萊爾說過：「天才就是無止境刻苦勤奮的能力。」

世界上通向成功的最短道路叫做勤奮，世界上最難治的病就是懶惰，懶惰容易使人陷入困境，失去希望，一事無成。勤奮是醫治貧困的良藥，它能給你帶來精神和物質上的富足，使你的人生豐滿充盈。勤奮是前進路上的燈塔，能指引你順利走上成功的道路。

CHAPTER 4

跟對人，工作態度須端正

With the right people,
work attitude to be correct

1 不斷學習他人，以補自己之短

社會變化越來越快，已經到了日新月異的程度，稍一停頓，我們就會被遠遠地甩在後面。任何事物都是發展的，沒有一成不變的東西，只有在發展中完善，我們才會前進。身在職場，最大的發展障礙就是看不清發展的方向，不知道自己該如何努力，該向哪方面努力。所以儘管有著充沛的工作熱情，願意為工作勤勤懇懇、全力以赴，許多時候卻只是原地踏步甚至退步。所謂「近水樓臺先得月」，想在職場中如魚得水，就不要放過向身邊的上司、資深同事學習待人接物以及工作技巧的機會，如果你能夠自愛，經常以積極、謙虛的態度來請教他人，別人必然樂於慷慨相助。

職業專家指出：職業半衰期越來越短，任何高薪者若不學習，五年之內就會跌入低薪者的行列；任何低薪者若不學習，三年之內就會進入失業者的行列。市場競爭的激烈導致人才處於不斷的折舊中，因此，未來社會存在兩種人，一種是因為工作和學習忙忙碌碌的人，另外一種是失業的人。

有兩個人在大森林裏過夜。早上，突然樹林裏跑出一頭大黑熊來，兩個人中的一人忙著穿球鞋，另一個人對他說：「你把球鞋穿上有什麼用？我們反正跑不過熊啊！」忙著穿球鞋的人說：「我不是要跑得快過熊，我是要跑得快過你。」

這則故事告訴我們，如果你沒有不斷學習的心態，就會像那個毫無準備的人一樣被熊吃掉，也就是被這個時代所淘汰。職場是殘酷的，它絕不亞於競技場，如果你想成為一個永不被打敗的競技高手，就要善於學習。

現在的職場人才濟濟，「鐵飯碗」已經不復存在。知識和人才的折舊已成時代必然，在一個競爭不太激烈的環境中，你可以為暫時的成功陶醉一年而不怕被別人超越，但在一個競爭激烈的環境中，哪怕你陶醉一天就有可能成為落後者。正因如此，向他人學習，「取人之長，補己之短」，是當今職場中人提高自身技能和對社會適應能力的一種有效策略。

方傑是聞名澳大利亞的職業經理人，他的談判能力享譽澳洲。方傑說，他的成功是緣於虛心向老闆學習的結果！

原來，早在澳大利亞留學的時候，方傑不懂談判，很希望學會談判的本領，就有意識地到澳大利亞最大的燈具公司「LIGHTUP」公司打工。公司的老闆是一個談判的高手。每當有機會與老闆一起進行商業談判的時候，方傑總是在口袋裏偷偷帶上一個微型答錄機。他將老闆與對方的談判內容一句句地錄了下來，然後再回家偷偷地聽，揣摩、學習，看看老闆是怎樣分析問題的，對方是怎樣提問，老闆又是怎樣回答的。就這樣，方傑很快掌握了各種談判的技巧，不久也成了一個商業談判的高手。最後老闆退休時，放心地把位子讓給了他。

方傑的老闆是位談判高手，方傑正是意識到自己對談判的欠缺，就抓住一切機會學習，「取老闆之長，補自己之短」，虛心、細心地向老闆學習，造就了他後來非凡的成就。

身處這樣一個激烈競爭的時代中，「愛學習、會學習、學得快」的能力，是你能保持競爭優勢最好的法寶之一。向老闆和同事學習，你就可以變得更優秀，獲得更多成功的機會。好員工不會錯過這樣的學習機會。他們會從老闆和同事的一言一行、一舉一動中觀察處理事情的方法。

每位員工都有自己的閃光點，都有值得別人學習的地方，發現了他的可取之處，就應該虛心學習，這樣我們就能吸收到各種對自己的職業成長有益的養分，避免走很多彎路，使我們不斷汲取前進的知識和技能，最大限度地激發自身潛力，促進我們的事業成功。

日本有一家公司，因承受不住金融危機的衝擊，被德國一家公司收購了。公司新任總裁上任的第一天宣佈了這樣一個決定：「這個週末公司將舉行一次德語考試，考試及格的員工可以留下繼續工作，考試不及格的員工請你離開，因為我們的客戶主要來自德國。」

聽到這個消息，幾乎所有的員工都開始加班加點地努力學習德語，只有藤崎像往常一樣。大家都認為他不打算在這個待遇還不錯的公司幹了，然而考試成績出來後，藤崎竟然是最高分。原來，藤崎大學畢業來到這家公司後，就開始有意識地學習。無論工作多麼繁忙，他每天都會抽出一兩個小時的時間學習，並且常常謙虛地向同事請教，很快地，他不但熟悉了整個工作流程，而且還發現公司的客戶多半來自德國，於是在工作之餘，他開始刻苦地學習德語。所以藤崎很輕鬆地通過了這次德語考試，而很多自以為比他能力強的同事卻不得不離開公司。

要想使自己不被社會淘汰，要想在職場裏快速地成長，唯一的途徑就是堅持不懈地學習。

只有不斷地學習，才能不斷地提升自己的工作能力，才能使自己在職場之路上穩步成長。

這個時代在不斷進步，科技在發展，知識也在不斷地更新。人們只有不斷地給自己「充電」，充實自己，才能不被這個社會淘汰。

如果你還想做好自己的工作，就不要墨守成規，應當汲取多方面的知識來充實自己。如果你沒有抓緊時間學習，不給自己充電，等待著你的只有被淘汰。很多公司為什麼招聘時不願要三十五歲以上的人，主要就是覺得這些人接受新事物的能力弱，知識又比較陳舊，不容易塑造。因此，如果你已經到了三十五歲，一定要儘快給自己補充些新的能量，及時跟上時代的步伐。

事實上，可供學習的資料非常多，除了書本，你身邊的人和事都是你學習的素材，關鍵看你是否去主動學習，主動吸取營養，從而將有利的部分拿來使用，這樣一來，就會讓你的工作事半功倍。

1. 向上司學習

上司是最好的老師，他們或者專業技能優秀，或者管理才能卓著，從他們身上，可以直接學到最寶貴的經驗。其實，你每天都有機會跟上司學習，不要說怕打擾上司的時間，他們都希望自己的員工是個好學之人。不要總是對上司懷有反感或敵意，要知道，作為員工，你工作不光是為了薪水，還有更重要的，那就是向上司學習，將上司成功的經驗學到手，這才是最高明的打工者。

2.多爲自己儲備知識

有人曾說：「一個青年怎樣度過他的工休時間，怎樣消磨他的休息時間，那麼就可預言出那個青年的前程怎樣。」

知識是能力的後盾。一切能力都是知識轉化而來的。無論怎樣，一個人愈能求知，則愈有知識。你能多多儲備知識，就能夠豐富你的生命。這種努力，日積月累，可以使你日後大有收益，可以使你更為充實，可以使你更能應對競爭。

如果你肯動腦，就會發現生活中處處都有學習的時間。很多時候，時間都是擠出來的，利用那些易為一般人所浪費的零星時間去學習更多的知識，就可以使你在工作中得心應手，成績自然令人刮目相看，不斷得到老闆的讚揚和提攜。

任何事情都是點滴積累起來的，知識也是如此。如果你肯在閒暇的時間為自己積累一些知識，就無異於每天給自己存了一點儲蓄。

3.向同事學習

同事也是很好的老師。有的人認為每個人的工作方法不同，他的不一定適合我，但你想過沒有，如果他的工作成績是優秀的，那就不必管他是用什麼方法，只要你肯去向他請教，將學到的經驗用於自己的工作，你就可以使自己的工作也上一個臺階。優秀員工懂得通過同事之間的交流，通過思想與思想的碰撞、經驗與經驗的彙聚，來提升自己的能力。無論是老員工，還是新員工，都有他們值得學習的地方。老員工的經驗豐富，有很多工作的竅門，新員工則思想活躍，可以激發我們的創造力。因此，多向他們學習，可以使你的工作能力更上一層樓。

2 少些抱怨，多些感恩

一位偉人曾經說過：「有所作為是成功人士的追求，而抱怨則是無所作為的平庸之人的溫床。」如今，一味地抱怨似乎成了職場上的通病。愛抱怨的人總是喜歡把自己失敗的原因推卸到別人身上，從來不會在自己身上找原因，因為他們從來都看不到自身存在的缺陷，結果在一次又一次的抱怨中，他們失去了一次又一次的機會。

其實，一個人的抱怨會影響到整個團隊的工作效率。想想看，如果你在公司裏工作，整天都能聽到唉聲歎氣、抱怨的聲音，是不是會直接影響到你的心情，影響到你的工作效率？所以喜歡抱怨的人對公司、對整個團隊來講，只能算是一個拖後腿的人，是一個無能之輩。

當有問題出現時，有的人並不是積極地尋找解決問題的辦法，而是一味地抱怨，這樣是不能解決任何問題的，這只能表明他們是在逃避現實、逃避困難。那些牢騷滿腔、怨天尤人、尋找藉口的人，無疑會自毀前程。

王蒙在學校的時候是一個很優秀的大學生，老師對她寵愛有加，同學們都對她十分的羨慕和欽佩。在畢業之後，她找到了一個不錯的工作，憑藉著自己的聰明才智，為公司立下了汗馬功勞，取得了非凡的成績。可是有一點讓王蒙很迷惑：為什麼自己得不到老闆的青睞和重用呢？王蒙整天為此鬱鬱寡歡，她覺得老闆不懂得慧眼識英才，自己兢兢業業地為老闆付出，卻得不到相應的回報，感覺有點懷才不遇，實在是不值得！所以她開始不斷地抱怨。

有一次，她與同事吃飯時，又忍不住感歎道：「從我到公司的那一天起，我就努力工作，想在事業上有所成就，卻事與願違。我取得的成就大家有目共睹，但是沒有任何的機會和空間去發展。老闆從沒有重視過我，哪怕一點的獎賞都沒有，更不要說提拔。就算做得再好，又有什麼意義！」王蒙的不斷抱怨最終傳到了老闆的耳中，老闆的心裏很是反感。試想一下，哪一個老闆會對下屬的抱怨無動於衷呢？作為一個老闆，誰願被人說成是一個不識人才的無能之輩啊？其實，老板正打算提升王蒙為銷售部經理，但是當聽到她的抱怨後，不但沒有提升她，而且還把她開除了。

事後王蒙很不理解，不知道自己錯在哪裡，會被辭退。後來當她遇到公司的另一個同事時，才明白原來是抱怨惹的禍，她很後悔。

所以拒絕不滿與抱怨吧。不要自以為學富五車、才高八斗就該被重用，不要做事三心二意、敷衍了事、陽奉陰違，無論在職場上受到什麼樣不公平的待遇，都要將自己的心態擺正。抱怨只能讓你在老闆心目中的印象一落千丈，甚至導致自己一事無成。

其實抱怨不如感恩。感恩是一種平和的處世心態，感恩是一種良好的心態，又是一種奉獻精神，它能讓你看到他人對自己的恩惠，而不是只看到別人的不足。一位由普通職員晉升為總經理的人士這樣說道：「我剛到這家公司時，只是一名無任何經驗的普通職員，為什麼在短短兩年內就晉升到總經理的職位，這是因為，我時常懷著一顆感恩的心，我感恩老闆給予我的機會，我感恩同事對我的點滴關懷與幫助。『滴水之恩，當湧泉相報』，正是這種感恩之心，讓我更加努力去工作，我要盡最大努力來回報這一切，沒想到，生活卻給予了我更大的回報。」

既然老闆提供了一個發展自我的平臺，拓展了一個實現自我價值的空間，那麼你就要盡全力做好自己份內的事；既然世界上並沒有任何人或事可以十全十美，那麼就要儘量站在老闆的立場考慮問題。與其抱怨，不如懷有一顆感恩的心，感恩老闆給予你的機會，感恩同事給予你的點滴關懷與幫助，當你懷著一種感恩圖報的心情工作時，你的工作才會出色，你才能在工作中收穫許多。

王英與王清畢業後同時進入一家公司工作。但是，王英的薪資與職位卻比王清高，對此王清並沒有心生不滿，也沒有抱怨。她兢兢業業地做好本職工作，並且還喜歡主動幫其他同事。同事覺得好奇，就問王清：「你和王英一起來，差別這麼大，你心裏沒有感覺不舒服嗎？」

王清笑著說：「無論遇到什麼樣的老闆，都要感恩他給予我鍛鍊的機會，我都會盡心盡力地工作。這不僅是對工作負責，也是對我自己負責，我很知足。」

王清自始至終地秉承這個原則，即使她受到不公平待遇，她也沒有抱怨，反而對老闆心存感恩。

其實，王清的努力老闆都看在眼裏，不久，老闆就升王清做了新部門的經理。

在老板眼中，那些遇到困難就怨聲載道的人是無能的。要清楚認識到，公司雇用你的目的是解決問題，而不是在遇到問題時張開自己那張抱怨的嘴，唉聲歎氣，製造不愉快的氣氛。所以，對於這種不僅不能解決問題，相反還在製造問題的員工，哪個老闆會喜歡呢？

抱怨不僅無濟於事，而且也是害怕承擔責任的表現，更不利於工作。聰明的員工懂得通過努力改善處境，那就是用豁達的心態來對待工作的不愉快，把抱怨和發牢騷的時間都用在工作上，這樣就會創造出不凡的業績。

真正的聰明人會善待自己的工作，工作中也許會有許多的不如意，但是，只要你端正心態，感恩圖報，盡心盡力，全力以赴地去工作，懂得在忙碌中體會生命的力量和工作的愉悅，不再一味地抱怨，不再心生不滿，那麼成功早晚會是屬於你的。

3 學會為老闆分憂

在職場中，你的發展離不開你的老闆，從某種意義上說，你們是互惠互利的關係，是創造雙贏的合作者。如果你能竭盡所能地為老闆排憂解難，那麼，你就能在自己的事業上有所建樹，有所成就。

一般來說，老闆需要處理的事情有很多，但並不是每一件事情他都願意出面，或插手進去。這就需要有一些下屬為他去處理，替他分憂解難。

某食品公司由於產品出現品質問題，引起了許多消費者的投訴。一位電視臺的記者到該公司採訪時，首先遇見了經理助理蕭何，蕭何擔心自己承擔不起責任，於是推卸說：「我們老闆正在辦公室，你有什麼事直接去問他吧！」這下可好，記者闖進老闆辦公室，把老闆逮個正著，老闆想躲也躲不開了，又毫無心理準備，只好硬著頭皮接受了採訪。事後，老闆得知蕭何不僅未提前給自己報信，還推卸責任於自己，很生氣，很快就把他開除了。

蕭何的做法值得我們每個人深思。產品出現品質問題本來就是一件不光彩的事，記者來採訪，老闆當然不便出面。此時，老闆最需要一個為他分憂解難的人。如果蕭何能挺身而出，甘為老闆當馬前卒，替老闆演好這場「雙簧戲」，那麼，他怎麼也不會落個被開除的下場。蕭何除了應該實事求是地講明問題的原因外，還應該維護老闆的面子，而不是把事情全推到老闆一個人身上了事。

當然，這是一種比較艱難而且出力不討好的任務。一般情況下，老闆也難以啟齒對下屬交代，只有靠一些心腹揣測老闆的意思，然後硬著頭皮去做。做好了，老闆心裏有數，但不一定有明確的表揚。如果下屬粗心或者不看眼神，把老闆弄得很尷尬，老闆肯定會在事後發火。

其實，每一個老闆都需要下屬為他分憂。當老闆遇到麻煩難以出面時，當他忙得焦頭爛額時，當他沒有思路解決問題時……作為他的下屬，你應該想想「我能為老闆做些什麼」。特別是老闆在工作觸礁，迫切需要幫助的時候，你更應像江湖豪傑那樣主動站出來，挺身而出，施以援手，而不應像平庸者那樣袖手旁觀。

這幾天，某商貿公司的秘書小楊發現自己的老闆總是沒精打采、滿面愁容的。她很奇怪，老闆一向是個開朗的人，怎麼突然間變得如此消沉呢。以前，老闆很快就能處理完公司的事務，可現在每到下班時間，他還有很多工作沒有處理。連續幾天，他都是這樣。結果，公司工作目標沒能按時完成，客戶也對公司的表現露出了明顯的不滿。

看到這一切，小楊真是憂心如焚，她很不理解老闆的表現。她既不想看到公司遭受損失，也不願看到本來很有才能的老闆就這樣失敗。於是，她從側面瞭解了一下情況。原來，老闆的妻子得了重病，住進了醫院，他白天上班，晚上去陪伴妻子。由於休息不好，再加上時刻擔心著妻子，因而連日來已經是筋疲力盡，心力交瘁，白天上班自然沒有精神，工作效率也明顯降低了。

得知這些情況後，小楊對老闆的處境深表同情，就主動找機會和老闆談話，請求他暫時將部分事務交給自己處理，以便老闆有更多的時間照顧妻子。

接手老闆交代的工作後，小楊一絲不苟地去做。她力求將每一項工作都做得圓滿，遇到不明白或不熟悉的問題，還主動向老闆或同事請教。在小楊的努力下，公司的工作有了明顯的起色，客戶滿意了，老闆也露出了滿意的微笑，小楊本人也在工作中得到了更多的鍛鍊。

一個月後，老闆的妻子康復出院，他又像從前那樣安心工作了。每每談起這一段經歷，老闆總是很感激地對小楊說：「那時多虧有你鼎力相助，為我分憂，不然的話，公司遭受的損失將不可估量。」

小楊為老闆分憂，不但使自己得到了公司人員的讚美和尊重，還成了老闆工作中的好搭檔，生活中的好朋友。

職場中，哪個老闆會不喜歡像小楊這樣的員工呢？小楊的事例告訴我們，在關鍵時刻，應該顧全大局，為老闆分憂。

任何工作都不可能是一帆風順的，都可能會遇到這樣或那樣的挫折與障礙。作為老闆，管理一個大公司或小公司，責任重大，壓力也最大。某些工作可以憑藉自己的能力或以往的經驗就能做好，而有些工作則需要下屬的幫助才能解決。這時，如果下屬除了做好本職工作外，還能及時伸出援助之手，幫老闆出謀劃策，共同度過難關，那對老闆是一個多麼大的幫助啊，老闆肯定會十分感動的。

因此，一定要記住，關鍵時刻，不要忘記為老闆分憂。為老闆分憂，不妨從以下幾點做起。

1. 有自己的主見，不唯命是從

為老闆分憂，並不是沒有自己的主見，一味地唯命是從。因為老闆也有犯錯誤的時候，當遇到這樣的情況時，你就應該抓住適當的時機，陳述自己的看法，把它糾正過來。當老闆下達命令後，你要去執行，在執行的過程中，你應不斷地思考如何更好地完成工作。如果在工作中發現老闆的指示有錯誤，就應該指出並想辦法讓老闆改正。這也是你對工作負責任的表現。但需要注意的是，你儘量不要傷害到老闆的面子。

2. 爲老闆出謀劃策

在工作中出現問題後，你可以先找到解決的對策，然後再去徵詢老闆的指示。如果老闆暫時也沒有解決問題的辦法，你就可以利用這個機會為其分憂了。自然，你對工作這麼負責任，以後老闆就會更加放心地把工作交給你了。

3. 搶先思考，爲給老闆分憂做好準備

搶先思考的先決條件是對公司的各項制度和各個工作流程積極關心，爛熟於心。因為任何工作都不可能盡善盡美，難免會出現一定的紕漏。作為一名有責任心的員工，你要事事以老闆的立場為出發點，搶先於老闆思考，在其還沒有提出問題之前，就將答案呈上。這樣，就可以為老闆減輕精神負擔，使其將主要精力運用在更加重要的事情上。

4. 不怕犧牲自己的時間

為老闆分憂，就需要自己有更多的工作時間，有一些「犧牲」精神。當一項工作需要快速完成時，如果你只顧自己的利益，不為老闆解決「燃眉之急」，對工作時間斤斤計較，那麼，這將會損害到你自身的利益。時間久了，老闆就會對你失去最基本的信任，當然也不會對你予以重任了。如果你能在關鍵時刻想老闆之所想，急老闆之所急，主動請願，犧牲自己的時間鼎力相助，那麼，事後老闆就會對你刮目相看，並給你更多的升遷機會。

4 釋放你的激情，對工作充滿熱忱

激情是人類作為高級靈長類動物區別於其他動物的重要秉性和特點之一。在每個人的心靈深處都埋藏著激情的種子，它猶如一頭熟睡的獅子，一旦被喚醒，將會迸發出令人驚歎的力量和為人們提供源源不斷的動力。

人們日常的生活、工作、學習都需要這種力量的支撐。

美國經濟學家羅賓斯提出這樣一個理論：人的價值=人力資本×工作激情×工作能力。它有力地說明了激情對於工作的重要性。

在態度轉變方面，激情可調動員工的積極主動性。促使員工主動學習，主動查找工作中的漏洞，更甚者，促使其對工作各個方面進行創新性的改造，並為公司提出建設性的意見和建議，特別是對新員工而言，可促使其快速適應工作環境。

在能力提升方面，激情可發掘出員工內在的潛質。激情猶如一股興奮劑，一旦注入員工的體內，就會幫助他們在不知不覺間挖掘出其內在的潛力，促使其能力發揮到最大化，大大提高工作效率。

在氛圍打造方面，激情可促進良好工作氛圍的打造。激情的態度、專注的眼神、緊湊的步伐、投入的熱情，不但讓員工們無暇對工作外的利益糾紛、同事關係進行過多的關注和討論，而且工作中緊湊團結、協調合作的氛圍，也會在無形中拉近員工之間、員工與上層之間的關係。

即使是一位普通的員工，如果對自己所從事的工作充滿持續的熱情，那麼你心中的夢想就會有實現的一天，你也會成為一個卓越的、受人尊敬的成功者。

美國著名的複印大王保羅・奧法里，就是憑藉著自己對複印事業的滿腔熱愛與激情，而成就了自己傳奇的一生。

二十世紀七〇年代初，保羅・奧法里還只是美國加州大學分校旁一家不起眼的「金考」複印店的小店主。他當時的全部資產是一台影印機和從銀行借來的五千美元的貸款。雖然條件艱苦，但卻絲毫不減保羅・奧法里對經商與生俱來的熱忱，也正是這一優勢讓他走向了創業之路。三十多年的時間裏，他完全憑著對出售商品的興趣和激情，讓「金考」快印從一家名不見經傳的小店，逐步發展成一家在全世界擁有一千一百多家分店、兩萬五千名員工的複印王國。該公司還在一九九九年、二〇〇〇年和二〇〇一年，連續三年被《財富》雜誌評為「全美最適合工作的一百家公司」之一。

現實裏，人們對生活有各種各樣的態度。有激情的人，看看周圍的人、周圍的事、周圍的社會，是以正面的東西為主流，看到的是更多的美好的東西。

然而，萬事就怕「堅持」。大部分人剛開始工作時激情萬丈，可時間一長，就開始抱怨。「無法保持長久的激情」是很多員工和公司面臨的問題，這是因為工作態度在作怪。員工往往把自己僅僅定位在員工的位置上，而不是以一個主人翁的態度來對待自己的工作，時間一長就會覺得工作枯燥乏味，很多人還認為工作不是為了自己，而是為了別人，消極怠工心態的出現也就很正常了。

於是，很多人每天的工作內容就成了熬時間、混日子、等薪水、盼退休，很難在工作中找到激情和動力。

其實，工作是否單調乏味，往往取決於人們當時的心境。所以，要學會自我調節，不要把心思總放在工作中不盡如人意之處和複雜的人際關係上，而要時刻提醒自己所做工作的意義和價值。

想要成為一名優秀的、能給公司帶來效益的員工，僅有能力是遠遠不夠的。千萬不能認為有無工作激情是無足輕重的。熱情飽滿的工作態度，不僅能讓別人看到你的熱情，而且這種積極的態度還會給他人的工作注入活力。

如果你是一個才華橫溢、欲實現自己抱負的職場新人，就在工作中付出自己的全部熱忱吧！它不僅是一種工作態度，更是一種強大的精神力量。不同的員工在不同的時期、不同的工作環境中表現出來的熱忱程度也不同，但這種熱忱人人都需要有，只要善加利用，就能轉化為巨大的能量。

如果你是一個有著明確的人生規劃，想要獲得成功的人，就把自己對這份工作的熱情拿出來，而且持久地保持下去，高速度、高效率地完成自己的工作，並對它進行創新和改進。

優秀的員工都是對工作充滿熱忱的人。他們願意用自己百分之百的熱忱去完成百分之一的事情，而不會去計較是否值得。因為他們懂得，付出總有回報。只有投入百分之百的熱忱，才有可能收回百分之百，甚至百分之兩百的回報。

就如法國著名作家拉封丹所說：「無論做任何事情，都應遵循的原則是追求高層次。你是第一流的，你應該有第一流的選擇，在工作中加入『熱忱』二字。」

5 勇於承擔自己的責任

人類擁有了許許多多美好的品質與情感，強烈的責任心就是其中之一。真正的強者不一定是多有力或者多有錢的人，而是要看他對別人是否有幫助，對社會是否有貢獻，是否願意承擔。負責任是一個人有能力的表現，擔當責任是自尊自重的泉源。這個世界的完整與美滿，需要責任。士兵守衛家園，農夫安心耕種，工人愛崗敬業，這個世界才有了它的和諧與穩定。

美國作家辛克萊・路易斯說過：「儘管責任有時使人厭煩，但不履行責任、不認真工作的人什麼也不是，只能是懦夫！」負責是一個人不可多得的優秀品質。有些人正是勇於擔當責任、不辱使命，才得以名留青史。

年少志高的霍去病見國人飽受匈奴欺凌之苦，自小就立下殺敵立功、為國家平定邊疆的決心。

西元前一二三年，未滿十八歲的霍去病主動請纓，隨軍出征，在戰場上，霍去病率領八百騎兵，在茫茫大漠裏奔馳數百里尋找敵人蹤跡，然後奔襲敵營，首戰告捷，斬敵二〇二八人，殺匈奴單于祖父，俘虜單于貴族無數。被漢武帝封為「冠軍侯」，讚歎他勇冠三軍。

西元前一二一年，河西大戰，十九歲的霍去病被任命為驃騎將軍，獨自率領精兵一萬出征匈奴。這場戰爭，匈奴損失慘重——盧侯王和折蘭王都戰死，渾邪王子及相國、都尉被俘虜，斬敵八〇六〇人，漢軍收穫戰利品無數。在這一場血與火的對戰之後，霍去病成為漢軍中無可置疑的統帥，十九歲的霍去病更成了匈奴人聞風喪膽的剋星。後來的漠北大戰，霍去病「封狼居胥」，勇不可當。

霍去病二十四歲時去世，他死後，漢武帝把他的墳墓修剪成祁連山的模樣，用以表彰他的豐功偉績。

正是由於胸懷報國為民的願望，勇於肩挑平定山河的責任，霍去病才在史書上寫下了光輝燦爛的一筆。責任，只是有責任，沒有任何理由，責任，也便是最好的理由。

人類所生存的世界是相依為命的世界，所有生存在這個世界的人，都需要共同努力、鄭重地擔當起自己的責任，這樣才會有生活的寧靜和美好。世界是一個大的鏈條，如果一個人懈怠了自己的責任，可能一不小心就會給別人帶來不便和麻煩，甚至是生命的威脅。

一個年輕人急於回家為女朋友準備生日晚宴，闖了紅燈，路過的計程車為了避免撞上他，向右猛拐，結果撞上了打掃街道的清潔人員，清潔人員的丈夫在肉品廠工作，為了去醫院看妻子，他沒有關上機器就急忙下班走了，機器不停地運轉，把堆在一旁的垃圾肥料都吞了下去，生產出來的食品，幼稚園的小朋友食用後出現了中毒現象……

如果猜得不錯的話，接下來的事情肯定還沒有完，這就是一個人的不小心，沒有公共責任所造成的後果。建築工人要把房子蓋好，那是他的責任；公車司機要把車開好，那是他的責任；老師要把學生教好，那也是他的責任，任何人都應該擔負起自己的責任，敷衍塞責、推脫責任，只能把事情推向更糟糕的境地。

在生活中，我們經常會聽到這樣那樣看似冠冕堂皇的「理由」：上班遲到了，會有「堵車」、「鬧鐘壞了」等理由；業務沒做好，會說「××安排我這樣做的」、「這個問題由來已久」……總之，從來沒有從自身找問題，只拿那些外部因素來做藉口，似乎一切錯誤都與自己毫無關係，都是別人的過錯。

藉口其實就是敷衍別人、原諒自己的「擋箭牌」，是掩飾自身弱點、推卸責任的法寶。很多人把寶貴的時間和精力放在了尋找合適的藉口上，而忘記了自己的職責。工作上也是如此，有些人一旦遇到了困難，趕快找藉口推脫責任，而不是積極吸取教訓，尋求解決的方案。下面來聽一聽某企業的一次季度會議：

銷售部負責人：「最近銷售量很小，我們有一定責任，但主要責任不在於我們。許多競爭對手紛紛推出新產品，在性能上佔有很大的優勢，因此導致我們的銷售額下降。對此我懇求研發部要加快速度，多開發出一些新產品，積極配合我們的工作才行。」

研發部負責人：「我們最近推出的新產品是不多，但事出有因，主要是財務給我們的研發費用太少了，我們也是萬般為難。」

財務部經理：「我們也是不得已啊，因為公司的成本在上升，採購部給我們的壓力也很大。」

採購部負責人大叫：「現在採購成本提高了，你們知道嗎？日本一個生產鉻的工廠發生了事故，導致不銹鋼的價格飛漲。」

聽採購部負責人說完，其他幾位負責人如釋重負：「原來問題出在這兒啊！」

看到他們這種不負責任的態度，公司老總暴跳如雷：「這樣說來，我們還要向日本的礦山去討個說法了？」

上面這種情況，在日常工作中也經常見到。出現問題，首先想到的不是如何採取補救措施，而是相互推諉責任，這是一種對工作極不負責的表現。這種員工也會給老闆留下一種消極、不負責任的印象，如此一來，老闆怎敢再把重要的工作交給你？你自然也就會失去很多鍛鍊自己的機會。因為任何對於崗位責任的推脫，帶給企業的只能是負面效應。聰明的員工，要勇於承擔起自己職責範圍內的責任，積極地尋找並把握為公司謀取利益的機會。只有這樣的員工，才是老闆心目中值得栽培的人。

6 做到最好——百分之九十九等於零

追求成功就要堅持做到最好，從前有一個人挖井，每次都是到將要挖到水的時候撒手，還自言自語地說：「怎麼挖了那麼久都沒有水？」其實他也付出了努力，但是，就敗在沒有堅持上，功虧一簣是最讓人心痛的事。凡事想當然，半途而廢，你就可能跟挖井人一樣，永遠也喝不到水，而且你以前的努力也付諸流水，也就是說百分之九十九等於零。

很多人做事情時就喜歡站在隊伍裏，不出頭也不掉隊，因為他們害怕「槍打出頭鳥」，但是他們往往也忘了，早起的鳥兒有蟲吃。甘做「隊伍尾巴」的人，往往無法成就大事。那些想要成功者，大都是在百分之九十九的基礎上再爭取到餘下的百分之一才善罷甘休的人。

劉曉莉大學畢業被分配到法國大使館做總機。總機人員在別人眼裏是一個沒有前途的工作，但是劉曉莉沒有這樣認為，她勤勤懇懇、認真工作，為了方便工作，還把使館內所有人員的相關情況都瞭解得一清二楚。慢慢的，很多人把許多委託的事都委託給她，她成了使館的全面秘書。有一天，大使打電話找一個默默無聞的人，她很快幫他完成了任務，大使專門跑到總機室表揚了她。沒有幾天，她就因為表現出色，破格被調去法國某雜誌處，為首席記者做翻譯工作。

該雜誌的首席記者是一位名氣很大的老先生，做過戰地記者，得過勳章。他脾氣和本事一樣大，剛開始就覺得劉曉莉資歷淺，不想接受她，但是半年過後，他逢人就說：「我的女翻譯比你們所有人都好上一百倍。」而劉曉莉也因能力突出，被調到英國駐中國大使館聯絡處。她絲毫沒有懈怠，同樣表現出色。還獲得了外交部的嘉獎。

劉曉莉說：「我的提升並不在於我多麼優秀，只不過是我肯在百分之九十九的基礎上再做到百分之一罷了。」

每個人都應該像劉曉莉一樣，每天都要求自己在工作上精益求精，那麼成功也就水到渠成。你是否每天反問過自己，我真的已經做到盡善盡美了嗎？我真的已經發揮了自己最大的潛能了嗎？我真的盡力了嗎？在時光的舞臺上，燈火變換，流年易逝，沒有誰會是永遠的主角，當你的時機來臨，把握住機遇，將你最大的潛能發揮出來，別人才會記住你的風采。

中國有句諺語：一分耕耘，一分收穫。事實上常常是：一分耕耘，零分收穫；五分耕耘，零分收穫；九分耕耘，零分收穫；十分耕耘，才有十分收穫。收穫往往不會輕而易舉。很多人在耕耘之後，常常看不到希望的苗頭，就由此放棄了繼續播種，成功與失敗就差這麼一點點。面對事業，不單要有農夫面對土地時的虔誠，還要有一腔赤子熱情，以必勝的心態和決心去面對它，說到做到，要做就做最好，才會有最終的勝利。下面來看一下一個老人是如何開創自己的事業。

桑德斯上校於六十五歲時才開始他的炸雞事業，當時他孑然一身、身無分文，只有一份炸雞秘方，他感覺自己還年輕，不想依靠社會福利過日子。他在打定主意之後，開始挨家挨戶地把自己的想法告訴別人：「我有一份絕妙的炸雞秘方，如果你能採用，對你的生意很有好處，我只希望從增加的營業額裏抽成。」很多人對老人都進行了無情的嘲笑：「得了吧，如果有秘方，為什麼你自己還穿得跟乞丐一樣？」這並沒有打消桑德斯上校的熱情，他從中好好學習，以便為下次找到更好的方法。

終於有幾家餐館接受了他的建議，他不但把自己的秘方賣給他們，還教他們怎樣才能把雞肉炸得更好，在他聽到第一聲「同意」之前，他被拒絕了一千零九次。後來他有了足夠的資金，就開辦了自己的炸雞店，他對每一位顧客的意見都非常重視，對自己要求也非常嚴格，力求做到最好，再後來，他創辦了「肯德基炸雞」連鎖店。現在，滿頭白髮、山羊鬍子微翹的桑德斯上校的形象，已成為肯德基國際品牌的最佳象徵，而他創辦的連鎖店也已經遍佈世界各地。

在喧鬧浮躁的當代社會，很多人缺乏的不是能力，而是精神。只有保持旺盛的士氣和十足的幹勁，永不妥協，才能把工作做得更好。做到最好是每個人生存、發展的根基。一個人對工作的心態和熱情，直接關係到他的成敗。只有堅持到底，你的人生才能從平庸走向傑出。

「旅店帝王」康拉德・希爾頓說：「就算一輩子洗馬桶，也要做一個洗馬桶最出色的人！」他認為，一個人志向要遠大，想法要宏偉，做法更要大方有力，這樣才能取得價值和成就。每個人都想實現自己的最大價值。但是夢想只是一種具有想像力的思考，一切的成功都是以熱忱、精力來做後盾的，缺少執著和堅持，一切都只是泡沫。一切夢想的起步都是從行動開始的，但是失敗往往從放棄開始。

永遠不要以為自己已經做得足夠好，更不要為小成就沾沾自喜，止步不前。每匹千里馬都是在挖掘、培養中造就的，每個人的潛質也都是在毅力和不斷超越自我的過程中發掘的，放棄和懈怠只能阻礙你的腳步進一步前進，所以，當你取得一點成績時，別忘了告誡自己：百分之九十九就等於零。

跟對一個好老闆，還要有不斷追求完美的心態，才能得到老闆的肯定。

7 學會自我調節，讓壞心情不過夜

一個人有足夠的能力和忠誠之心還不夠，還必須有調節自我情緒的能力。一個老闆希望自己的員工在工作中不受外物的影響，不是一個情緒多變、悲喜無常的人，而是一個善於調控自己的情緒，從而能專心工作的人。

生活中，經常會有一些失落、痛苦、無奈、憤怒等壞情緒伴隨著你。其實很多時候，煩惱都是自找的。只要願意，你可以讓壞情緒轉移甚至消失。

例如，在一輛擁擠的公車上，因為急剎車，站在你身旁的人不小心踩了你的腳，而且在你漂亮的鞋子上留下了難看的痕跡。更為可惡的是，這個人連最基本的「對不起」都沒有說。這個時候，你一定很生氣，不過你不能動怒，而要這麼想：「那個人只是不小心踩了我的腳一下，他不是故意的！」或者笑著對那個人說：「對不起，我的鞋把你的腳弄疼了吧？」這樣不僅會讓踩到你的那個人因為你的禮貌而羞愧，而且你的心裏也會因為不計較而好受很多。相反，如果你在那個時候破口大罵，不僅沒有人理會你，還會嚴重影響你的個人形象。

當你心情不好時，要先坦然地承認並且接納自己的壞心情，不論它是沮喪、憤怒、焦慮還是敵意。生活中，每個人產生壞心情是很正常的，它提醒你對現狀要有所警覺，是改變現狀的先決條件。如果一個人不為自己的成績差而沮喪，他就不會想努力學習；如果一個人不為和別人的矛盾而苦惱，他就不知道自己的人際交往方式需要調節。所以，不要怕壞心情，也不要否認或逃避。要先接納它，然後再想辦法解決引起壞心情的問題。

學會隨時對自己說：「太陽每天都是新的，即使是陰天也是別樣的美好。」「積極的生活態度比生活本身更重要。」「哦，我做得真不錯，明天繼續努力哦！」經常在這樣的言語自我暗示下，你就會由急躁、洩氣、灰心變為情緒穩定、有條不紊、信心十足，自信有能力控制各種意外情況。學會了對壞心情的自我調節，以後無論在順境還是在逆境中，你都能始終保持樂觀向上的心態，不斷在苦難中尋找新的樂趣，成為一個熱愛生活、善待生命、對生活充滿激情的人。

霍桑工廠位於美國芝加哥郊外，是一家專門製造電話交換機的工廠。這個工廠擁有較為完善的娛樂設施、醫療制度和養老金制度。只是日久天長，工人們對這種工作產生了懈怠情緒，對工廠的各種規章制度、福利待遇、工作環境等方面心生不滿，而且還把這種不滿情緒帶到了工作中，嚴重影響了工作效率。

為了探尋原因，能夠及早解決這些問題，美國國家研究委員會專門組織了一個調查小組，對霍桑工廠進行了一系列的試驗研究。在研究過程中，這些專家分別找工人們進行推心置腹的談話，耐心傾聽他們對待遇、環境等方面的意見和不滿，並將他們的言論記錄在案。令人驚訝的是，通過「談話試驗」，霍桑工廠的工人們的壞情緒得到合理宣洩，從而感到心情舒暢，幹勁倍增。很少再抱怨工作，工作時更加賣力，工廠的產量自然大幅度提高了。

於是，社會心理學家將這種奇妙的現象稱為「霍桑效應」。

「霍桑效應」帶來的啟示是：人在一生中會產生數不清的意願和情緒，但最終能實現、能滿足的卻為數不多。對那些未能實現的意願和未能滿足的情緒，千萬不能硬生生地壓制下去，而是要千方百計地儘早讓它宣洩出來，這樣既有利於身心健康，又有助於提高工作效率。

在日常生活中，如果需要情緒宣洩時，儘量不要將他人當做「出氣筒」，不要將自己的不良情緒轉嫁給他人，無端斥責、謾罵對方。要學會自我調節，不讓壞心情伴著你過夜。

你還可以採用轉移注意力的方法，當極端憤怒的時候，不妨採取寫日記、聽音樂、散步等對他人無害的方式。宣洩是為了獲取更好的情緒，選擇一個私密的空間宣洩掉所有的壞情緒，然後精神煥發地走出來。好的情緒能夠幫助你保持心情的愉悅，從而以最佳的狀態投入工作和學習中。在人際交往中，你還能將這份好心情傳遞給他人，獲得好人緣。

那麼，該如何調控自己的情緒呢？

1. **自我控制**

鍛鍊堅強的意志，能夠在一定程度上直接控制自己的情緒，克服不良情緒的影響。平時要特別注意培養自己的自制力，針對自己的實際情況採取一些有效方法來克制自己的情緒。

2. **自我轉化**

有時，一度產生的不良情緒是不易控制的。這時，必須採取迂迴辦法，把自己的情感和精力轉移到工作中去，使自己沒有時間和可能沉浸在這種情緒之中，從而將情緒轉化。

3. 自我發洩

消除壞情緒，最好的方法莫過於使之宣洩。切忌把不良情緒埋於心裏。可以向至親好友傾訴，也可以運動發洩，或者拿起筆將自己的不滿和苦惱寫在紙上，這樣心裏會好過些。

4. 暫時避開

當情緒不佳時，你暫時避開一下，去看看電影，打打乒乓球，或者漫步於林蔭小徑，或者游泳、划船等等。改變一下環境，離開讓你心情不快的地方，能改善你的自我感覺，使得到鬆弛的你能夠重新整理一下思想情緒，消除不良的因素，從而解脫自己。

5. 幽默療法

幽默與歡笑是情緒的調節劑，它能給極度惡劣的情緒一個緩衝。幽默給人以快樂，使人發笑，而歡笑可以驅散心中的積鬱，也是衡量一個人能否對周圍環境適應的尺度。

8 關閉你的「潘朵拉魔盒」

在古希臘神話中，美女潘朵拉有個主神宙斯給她的神秘禮品盒，人類之所以遭受不幸，都是因為潘朵拉打開了盒子，放出了宙斯蓄意給人類招來不幸的各種災禍。

潘朵拉出於好奇打開「魔盒」後，釋放出人世間的所有邪惡——貪婪、虛無、誹謗、嫉妒、痛苦等，當她再蓋上盒子時，只剩下希望在裏面。

有人說情緒是工作效率的晴雨錶。調查結果表明：當一個人情緒好時，工作效率也會隨之提高。而當一個人情緒低落時，工作效率就會大幅下降。

如果留心生活，你經常會發現有些人不善於管理、控制自己的情緒。他們往往自以為是，容不得任何批評建議，有時不分青紅皂白就向同事發脾氣，或者為一點小事到處抱怨，牢騷滿腹、怪話連篇。這種人的工作效率往往很低，而且他的人緣也不會好到哪裡去。

眾所皆知，人與人之間的情緒是會互相感染的，大家都討厭無故傷害別人情緒的人。哪怕他是為了工作，為了「正事」。有的人在工作中情緒不好，面對上司的警告，常用「這幾天家裏發生了一些不愉快的事」或「我最近心情不太好」來做藉口替自己搪塞。上司可能嘴上不說，但心裏也會對他能否繼續勝任目前的工作產生疑慮。而有的人在心情不好時會自我控制，仍然能夠收放自如地執行工作，拋棄壞情緒，專心配合上司、同事的工作，從而製造了一個輕鬆、適宜的氣氛，既有利於同事團結，也提高了工作效率，無疑會令自己受到眾人的歡迎。毫無理智地放縱自己的情緒，實在是聰明的「上班族」不該有的行為。

工作和生活不可能總是一帆風順。當遇到不愉快的事情，最好的做法是靠自己來克服，也可以找幾個知心朋友先來排解一下，把它當成笑談，然後儘快把它忘掉。切不可讓煩惱鬱積破壞情緒，並把它帶到工作中。否則不僅會影響到自己和同事的關係，而且還會嚴重損害自己的事業。

齊齊是一家中小企業的主管，具有豐富的工作經驗，在工作中起到舉足輕重的作用。不久前與丈夫離婚了，與十多歲的兒子和女兒住在一起。工作的繁忙再加上家庭的變故，讓她總是無法克制地經常向別人發脾氣，每次發過脾氣後都很後悔，但又總是控制不了自己的惡劣情緒。

後來，齊齊也試圖親切、愉快地和同事們相處，可怎麼都不管用。每當她忍不住發火時，如果粗暴強硬，有的員工就怨恨不滿並予以回擊。而如果她態度可親，又覺得別人以為她軟弱可欺，想趁機利用她。她的人緣越來越差，工作效率也每況愈下，為此齊齊苦惱不已。而且在家裏，孩子們也埋怨她把時間和精力放在工作上，忽視了他們的存在。

齊齊失落極了，感到前所未有的挫敗，不知道自己該怎麼辦，想辭職又不忍放棄自己多年打拼的心血，幾個月下來，整個人瘦了一圈。

齊齊顯然是位成功的職業人員，她的工作涉及操縱其他同事並又離不開他們的支持和擁護，她有長期的工作經驗，可顯然不覺得對工作能夠駕輕就熟。齊齊的癥結就在於不能信任同事，尊重同事，無法良好地管理、控制自己的情緒，結果既傷害了自己，又得罪了他人。

職場中類似齊齊的案例並不少見。許多職場人員都容易有這樣的感覺。所以如果事情搞糟了，那就一定是別人的過失。不過齊齊有一點比許多具有同樣問題的人勝過一籌，那就是認識到事情不如意，過失或許在自己。

因此可見，控制好自己的情緒多麼重要。每個人的情緒都會時好時壞。學會控制情緒是成功和快樂的秘訣。

1. 多記好事，學會忘記壞事

心情好壞不是取決於你總會遇上好事，還是總會遇上壞事，而是取決於你是記住了好事，還是記住了壞事。

2. 學會幽默

工作需要嚴肅，但如果在工作中適當地使用一些幽默，可以化解衝突、活躍氣氛、振奮精神，也可以緩解壓力。

3. 積極地自我暗示

有人曾說：「一切的成就、一切的財富，都始於一個意念。」所以，職場中人要多對自己說一些「我行」、「我能勝任」、「我很堅強」、「我喜歡挑戰」之類的話，積極地進行自我暗示，讓這些積極的自我暗示影響你的心態，進而影響你的行為及其行為的結果。

4. 珍惜你所擁有的，也要學會放棄

對於自己擁有的東西，總有人會不珍惜，然而在失去時，才會倍感它的珍貴與不可替代。

如果想擁有得太多，不妨進行適當的放棄，這反而會帶來意想不到的收穫。

Part 2

說對話

That dialogue

妙語連珠惹人樂，笨嘴惡言招人煩

【不得不說的話】

作家朱自清說：「人生不外言動，除了動就只有言，所謂人情世故，一半是在說話裡。」

話語的力量是巨大的，一句話有時可以抵得上千軍萬馬，在瞬間征服敵人；一句話有時可以化解一場衝突，讓即將開始的危機在頃刻間化為烏有；一句話有時可以傷害一個人的心靈，從而銘記一生；一句話有時可以讓一個殺手放下屠刀立地成佛……孔夫子只用了三言兩語，便從齊國手中奪回了三座失去的城池；燭之武不費一兵一卒，一句話也可以傾城。如若沒有高超的說話技巧，想要達到出其不意之效，是絕不可能的。

CHAPTER 5

認識口才的驚人力量

Understanding the amazing power of eloquence

1 一句話說得人笑，一句話說得人跳

會說話可以使你在生活中擁有良好的人際關係，也可以使你在商戰中遊刃有餘，更可以在談話中使對方聽得津津有味、興趣盎然。不會說話的人哪怕滔滔不絕，卻令聽者感覺索然寡味。和會說話的人交流，是智慧的碰撞；和不會說話的人交談，是心靈的煎熬。擁有一張會說話的嘴，把話說得圓熟、漂亮，是一種技巧，也是一門學問。

說話聽起來很簡單，但是要說好話，並且把話說得有藝術，還真的不容易。「一句話說得人笑，一句話說得人跳」，很形象地說明了不同的說話方式表達出不同的效果。

某公司的王經理疑心特別重，當別人說話時，他總是懷疑別人在說自己，平日裏他做什麼都神神秘秘，小心翼翼的，即使走路時腳步也特別的輕。有一天他的兩個部下小劉與小陳在閒談，當他們說到王經理時，小劉說：「我從來都不把王經理放在眼裏。」這句話恰巧被經過的王經理聽到，他當即就問小劉說：「你不把我放在眼裏，那你把我放在什麼地方啊？」機靈的小劉立刻笑著說道：「我把您放在我的心裏啊！」王經理聽到這句話，心裏樂開了花，十分得意地走了。

這就是說話的藝術，其實在現實生活中，處處都可以碰到類似的事情，只是人們都不太在意而已，比如說朋友見面常常可以聽到這樣的話：「你是老王吧？」「老劉，忙呀」……這樣的說辭非常容易引起誤解，很容易被理解成「老王八」、「老流氓」，這樣的話怎麼可能不讓人家生氣得跳起來呢？

說話是與人交往最直接的方式，所以人們一定要注意自己的說話方式，不要鬧出笑話還不知不覺！

古代有一個國王，有一天晚上他做了一個奇怪的夢，夢見自己的牙齒全部都掉了。對此他非常地納悶，於是就找了兩個解夢的人過來。國王把自己的憂慮告訴了他們，國王好奇，想知道牙齒全部掉落意味著什麼。第一個解夢的人不假思索地說：「尊敬的國王，那意味著你所有的親人都死後，你才會死。」國王聽此大怒，命令侍衛打了他幾百棍。第二個見狀心驚膽戰，他說：「尊敬的國王，那意味著你是所有親屬中最長壽的人。」國王聽了很高興，便賞給了他幾百枚金幣。同樣的意思、不同的言語，所帶來的結果卻迥然不同。究其原因，就是因為第一個解夢人不懂得說話的藝術與技巧。

「一句話說得人笑，一句話說得人跳。」同樣的目的，若是表達方式不同，收到的效果也大不一樣，關鍵就看你能不能把話說得巧妙。這就要求人們掌握說話的技巧，要學著用最樸實的語言說出最善解人意的話，並靈活地運用於人際交往中！

英國思想家培根曾經說過：「善談的人，必是懂得幽默的人。」因為一個會說話的人，他們的言辭都非常幽默，常常能夠惹人發笑。成功的人大多是具有幽默感的人，然而幽默從何而來，關鍵的一點就是要會說話。比如說在那些爭論激烈的場合，如果你既能找出爭議的突破口，又能利用幽默的言語侃侃而談，那麼最後的成功必定屬於你！

有這麼一位客人，到一家飯店裏吃飯，點了一份龍蝦。當菜端上來之後，他發現盤中的龍蝦少了一隻大鉗。他就非常好奇地詢問服務員原因。服務員一時語塞，不知道如何作答，只好把經理請了過來。

經理瞭解到情況後，先是對他道歉：「先生，真是對不起。您可能也知道，龍蝦本身就是一種非常殘忍的動物。您點的這隻龍蝦，可能正好在與其他龍蝦打架時被咬掉了一隻大鉗吧。所以，還請你多見諒。」聽到這話後，他也沒生氣，而是笑了笑，說道：「既然是這樣的話，那就請你把那隻打勝的龍蝦換上來吧！」經理見此情景，又沒有更好的理由駁回客人的要求，只得吩咐服務員按照顧客的要求重新換了一隻龍蝦。

那位飯店經理在與顧客交談的時候，運用語言的幽默技巧，在營造輕鬆活潑氣氛的同時，也闡明了立場。他們二人分別通過幽默的言行，巧妙地傳達自己的意見，雖然沒有直接說出自己的意思，但卻收到了自己想要的結果。假如顧客暴跳如雷、大動肝火，那結果恐怕就會是另一番景象吧！顧客對經理沒有劍拔弩張、怒髮衝冠，而是「因勢利導」，用藝術性的言語與對手過招。由此便可看出，這位顧客說話的藝術境界要比飯店經理更高。

如果你能恰到好處地運用語言的魅力，就能使敵對的人握手言和，使憂鬱沮喪的人開懷大笑，掃除心頭的烏雲。因此，在與人交談時，要儘量運用這些技巧，讓對方在笑聲中接受你的觀點，在輕鬆活潑的氛圍中強化這些觀點。

著名詩人馬雅可夫斯基在一次演講結束時，忽然聽到有人在下面喊道：「您講的笑話，我一個都沒有聽懂！」

「你莫非是長頸鹿！」詩人感歎，「只有長頸鹿才會在星期一浸濕了腳，而直到週末才能感覺得到。」

這時，一個矮胖子擠到臺上，嚷道：「我應當提醒您，馬雅可夫斯基同志，拿破崙有一句名言，說的是從偉大到可笑，只有一步之差。」

「您說得對，先生，」詩人邊說邊用手指著自己和那個人，「從偉大到可笑之間，正好是一步之差。」

「您的詩太駭人聽聞了，這樣寫詩是短命的，明天就會完蛋，您本人也會被人忘卻，您不會成為不朽的人。」又有一位聽眾大聲說道。

「請您過一千年再來，到那時我們再談吧。」

「您說，有時應當把沾滿塵土的傳統和習性從自己身上洗掉，那麼您既然需要洗臉，這就是說，您也是骯髒的了。」

「那麼，您不洗臉，就以為自己是乾淨的嗎？」

「馬雅可夫斯基，您的詩不能使人沸騰，不能使人燃燒，不能感染人。」

「那是因為，我的詩不是大海，不是火爐，更不是鼠疫。」

馬雅可夫斯基面對這一小撮心懷叵測的挑釁者，鎮定自若，妙語連珠，鋒芒畢露，語驚四座。因此，當演講降下帷幕時，聽眾已對他佩服得五體投地，而馬雅可夫斯基的名聲也更大了。

在這個例子中，馬雅可夫斯基正是利用了語言的幽默性，才贏得了聽眾的心，並使得自己名聲大振，受到了讀者們的喜愛。

正所謂「一句話說得人笑，一句話說得人跳。」語言不僅僅只講究藝術性，還要掌握好分寸，在展示你個人口才的過程中，適當加進點其他的原料，有時還可以助你化被動為主動，變危機為轉機，在談笑間讓檣櫓灰飛煙滅。

2 口才決定人的一生

口才是運用準確、貼切、生動的口語表達自己思想感情的一種能力。在社會競爭日益激烈的今天，如何說話已經是人們日常生活的必備能力之一，更是成為人們事業成敗的一個先決條件。口才的好壞可以直接影響到事情的發展態勢。說話的水準和能力早已成為了衡量一個人整體素質的重要標準。

劉勰在《文心雕龍》中感歎：「一言之辯重於九鼎之寶；三寸之舌強於百萬之師。」由此可見，口才對於一個人而言是多麼重要！古有使楚的晏子，憑藉三寸不爛之舌掙回顏面；蘇秦以雄辯之才掛起六國相印；張儀四處遊說，建功立業；諸葛亮舌戰群儒，聯吳抗曹……

到了近現代，則有梁啟超、孫中山、魯迅、周恩來等諸多能言善辯的口才巨擘。周恩來的口才是被世界公認的鋼嘴，令舉世仰慕。他機敏應變，知識淵博，侃侃而談，斐然曠世的風骨，被當時的美國總統尼克森譽為冠絕國際。當年，周恩來在萬隆會議上慷慨陳詞，擲地有聲地講出了中國人的心聲，他憑藉自己優秀的口才讓中國人在世界各國面前揚眉吐氣。

如今，陳安之傳授管理之道，易中天大談諸子百家，李陽教學瘋狂英語等等。這些人都是會說話的人，且懂得利用口才的力量來達成所願，從某種意義上講，誰掌握了說話的技巧，誰就能在這個競爭日益激烈的社會中出人頭地、左右逢源、心想事成，立於不敗之地。

口才好的人在事業上成功的希望要比一般人的大。據統計，百分之八十以上的成功人士都是靠口才打的天下。下面有個例子可以說明這個道理。

某公司由於精減人員，兩個司機需要辭退一個。但是，為了公平，主管決定給他們兩人一個演說的機會。

第一個司機考慮了一會兒說道：「將來我開車的話，一定會把車子收拾得乾乾淨淨，在路上嚴格遵守交通規則，還要保證老闆的坐車安全，另外還要做到省油……」

第二個司機沒怎麼考慮，只說了簡單的幾句就結束了。他說：「我過去開車遵守了三條原則，現在我依然遵守這三條原則，如果今後用我，我還會遵守這三條原則：第一，聽得，說不得；第二，吃得，喝不得；第三，開得，使不得。我過去這樣做，今後我還會這樣做。」

主管一聽，立刻說：「好！這個司機好！就用你了！」

簡單的兩句話便決定了一個人的去留，你知道這兩句話好在什麼地方嗎？聽得，說不得，就是說要保密。只能聽，不能說，說了就是洩密。

吃得，喝不得。經常陪老闆到處跑，吃飯的時候千萬不能喝酒，這叫保護老闆的生命安全。

開得，使不得。老闆不用車的時候，絕不會為了自己的私利用車，這叫公私分明。一個既能保密，又能保護老闆的生命安全，而且公私分明的人，怎麼可能被老闆裁掉呢？

這個故事可見口才的絕妙！也許第一個司機要比第二個司機開車的技術高，但在說話這方面，他卻遠遠落後於第二個司機。就算第一個司機是個人才，但是他卻沒有口才，而有口才的必定是人才。

練出一副好口才是走向成功的基本保證。只有掌握了說話的技巧，才能在談笑間達成既定的人生目標。假如你從今天開始投資口才，就等於向未來投資，成功離你只有咫尺之遙。改善口才，其實也就是在改變自己的思維模式，為自己事業的發展打開更多的通路。

我們可以毫不誇張地說，口才不僅僅是一門語言的藝術，更是生活中不可缺少的調味劑。如果你擁有一副好口才，那麼你說出的話就能夠撥動人們的心弦，如同具有某種魔力，能夠猜透每個人的心思，讓每個人都覺得你彷彿就是自己的知己。如果你擁有一副好口才，那麼你能夠給人們帶來愉悅感，從而獲得他人的尊敬；你可以使兩個吵得不可開交的人相互理解，化解矛盾；你可以使一個以淚洗面的人走出陰霾，變得開朗自信……

所以說一個人的口才如何，完全能夠決定其一生的成敗。而且，現在的社會是一個越來越注重「說」的時代，無論你是去應聘面試，還是競爭職位、談判業務等，都要擁有超強的說服力才能成功。

口才的力量是一種複雜的、強大的力量，因為它能征服世界上最複雜的東西——人的心靈。列寧曾經指出：「一個鼓動家就是一個善於對群眾講話，善於用自己的熱情之火激發群眾，善於抓住突出的、說明問題事實的人民演說家。」列寧本人也正是一名卓越的演說家、雄辯家。他用自己的演講打動了國民的心，征服了他的國民。他那超凡出眾的演說能力以及出類拔萃的辯論之術，使他名垂青史。

3 笨嘴笨舌沒人理，妙語解頤惹人愛

早在二十世紀四〇年代，美國人就把「口才、金錢、原子彈」看做是生存和發展的三大法寶。現在的歐美社會又把擁有「口才、金錢、電腦」看成是二十一世紀成功人士的象徵。由此可見，「口才」一直居於三大法寶之首，具有極其重要的作用和價值。

在這個「資訊大爆炸」的現代社會裏，語言作為溝通和交流的工具越來越被人們所重視。機敏靈活、能言善辯的人之所以能惹人歡喜，是因為他們做到了有效表達。而羞怯拘謹、笨嘴笨舌的人，由於表達能力差，邏輯思路混亂，所以在與別人交流時往往是語無倫次，言談間顯得非常拘謹，思維邏輯也很混亂，雖然他有著豐富的經驗和獨到的見解，但卻是「茶壺裏煮餃子——有也倒不出來」。這樣也就很難得到人們的理解和認同，很難成為出類拔萃的人。這也就是所謂的「笨嘴笨舌沒人理，妙語解頤惹人愛」。

在現實生活中，確確實實存在著這樣兩種人。「笨嘴笨舌」的人覺得自己不太會說話，所以平時就很少說話。若是他們碰到了熟人，還可以侃侃而談，可一旦到了正式一點的場合，他們就很難做到口吐蓮花、巧舌如簧。在社會上與別人交流時，他們時常會覺得自己詞不達意，出現令人尷尬的場景。久而久之，別人就說他們是老實人，他們在別人的這種評價中漸漸地覺得自己就是老實人，習慣性地對別人說：「我不太會說話，因為我是老實人。」這樣的老實人

因為自己不會說話而生活在苦惱之中。有的人不懂得與上司溝通，縱有滿腹才華卻得不到重用，終身碌碌無為、輝煌殆盡；有的人不懂讚美，在朋友取得勝利和成功的時候，拙於言辭、守口如瓶，導致好友的誤解；有的人羞於啟齒，面對心愛的人，無從表達，最終錯過了美好姻緣……更有甚者，本來出於真心和善意的關懷和問候，因為詞不達意，讓對方聽後認為是別有用心的諷刺與挖苦。

雖然有些不會說話的人武斷地認為，自己不會說話就是老老實實的人。他們不願意面對自己不會說話的弱點，誤認為那些會說話的人都是滑頭，是不老實的人。但是，大多數人能夠正視自己不會說話的缺點，並且希望自己能夠通過努力而克服這個缺點。因為他們深深地體會到有了好口才，就不會僅僅成為別人口中的「老實人」，而是成為一個能夠口若懸河地與別人交談的人，成為一個能夠在與人交流中獲得快樂、獲得信心、交到很多好朋友的人。這樣，他們才會擺脫工作中的困難和挫折，促進自己事業的發展，使自己生活得幸福。因為他們知道有了好口才之後，就不會成為一個詞不達意的「老實人」，就不會在生活和工作中遇到很多困難。有了好口才，才能促進自己事業的發展，使自己的生活過得幸福而愉快。

成功學家林道安曾說：「一個人不會說話，那是因為他不知道對方需要聽什麼樣的話；假如你能像偵察兵一樣看透對方的心理活動，你就知道說話的力量有多麼巨大了！」擁有一張會說話的嘴巴，就擁有了一筆巨大的人生財富。一個人不管生性多麼聰穎、知識多麼淵博、接受過多麼高深的教育、擁有多麼雄厚的資產，如果你無法流暢、恰當地表達自己的思想，你仍然無法真正實現自己的價值。

在美國，曾經有一個衣衫襤褸的年輕人，為了能找到一份適合自己的工作，在費城的大街上徘徊了許久。有一天，他鼓起勇氣，走進了費城著名的商人鮑爾‧吉勃斯先生的辦公室。在吉勃斯先生面前，他有點緊張，甚至可以說有點局促不安。但最後，他還是請求吉勃斯先生能給他一分鐘時間讓他講上幾句話。

對這位年輕人的到來，吉勃斯先生感到很驚奇。年輕人雖然看上去窮困潦倒，一副落魄的模樣，但飽滿的精神狀態卻遮掩不住他渴望成功的心。出於好奇，吉勃斯先生最終點了點頭，算是同意了他的談話請求。剛開始，他只是預備和年輕人說上一兩句話，結果他們的談話卻持續了一個多小時。而最令人震驚的是，吉勃斯先生拿起了辦公電話，打給了狄諾公司的費城經理泰勒先生，通話的大意是要這位著名的金融家邀請這個年輕人共同用餐，並要給他在公司裏找一個合適的、重要的職位。

或許你會覺得這一切有點不可思議，一個窮途末路的青年，竟然能夠憑藉幾句話就使自己獲得了一份很好的工作，使自己擺脫了困境，開始了新的生活。其實，他成功的秘訣在於他懂得說話的技巧，能夠在極短的時間內借機表達自己、展示自己，讓別人看到他有這方面的能力，終於為自己敲開了成功的大門。如果這個青年笨嘴笨舌，出口不能成章，或者吞吞吐吐，詞不達意，那麼可以預料到，他必定難以得到金融家的賞識，更別說得到一份工作。

當然，優秀的口才不是天生的，它需要後天不斷地學習、不斷地磨礪、不斷地修煉。只要你把握自己說話的分寸，從細節上提高自己說話的能力，就有可能成為出眾的談話高手，成為朋友尊重、老闆青睞、下屬愛戴、社會認同的言談專家。

4 會說話，為你增添無限魅力

會說話是一筆財富，也是一種魅力。在大家看來，說話的魅力似乎只是一種比喻，但這卻是一種事實。一個人的魅力是靠什麼支撐的？除了自身的教養、處世的禮儀、得體的穿著之外，還有一樣，那就是優雅的談吐。只有會說話的人才會招人喜歡，才能夠在人前展現自己的魅力。

有一天，師傅帶著徒弟去鄉下的河邊拉沙子。鄉下的路很難走，到處是沙子和小石塊。在回來的路上，「踫」的一聲，車子後輪的一個輪胎爆了。他們雖然帶了備用輪胎，卻忘了帶千斤頂，沒辦法，師傅讓小徒弟去向路邊的人家借。臨走之前，師傅在徒弟耳邊說了幾句話，徒弟看了看師傅，將信將疑地朝路邊的房子走去。

徒弟走到房子跟前去敲門，開門的是個中年男子，從他的不耐煩可以看出他並不怎麼好說話，但徒弟還是按照師傅的吩咐，笑著說道：「又有事要麻煩您幫忙。」中年人看了看這個陌生的年輕人，說：「我想我並不認識你，你怎麼說又需要我的幫助呢？」徒弟說：「您家就在馬路的邊上，儘管您沒幫過我的忙，但也一定幫過不少人的忙，所以，對您來說，是又有事需要您幫忙了。」中年人聽了徒弟的話，嘿嘿一笑，說：「說吧，你有什麼需要我幫忙的？」

徒弟這才說：「我的車子輪胎爆了，我雖然帶了備用輪胎，但忘了帶千斤頂。我想，肯定曾經有人也像我一樣跟您借過千斤頂換輪胎，所以我也想跟您借一下千斤頂。」不過中年男人自己並沒有車，所以他沒有千斤頂，可他聽了徒弟的話，覺得不幫忙似乎有點兒說不過去，於是放下手中的工作，對徒弟說：「雖然我沒有，但是我知道哪有，走吧，我帶你去借。」於是中年人騎上摩托車帶他走了很遠的路，來到一個朋友家借到了一個千斤頂，小徒弟謝過中年人之後，便高高興興地捧著千斤頂走了回來。

事後，徒弟還是有些迷糊，問師傅：「師傅，為什麼那個人本來很忙，也沒打算幫忙，但是因為我說了您教我的那幾句話，他卻那麼盡心盡力地幫助我們呢？」師傅笑了笑，說道：「這就是說話的藝術。如果你第一句就問他：『你有沒有千斤頂，借我用一下』，那結果恐怕就是一句『沒有』。但是如果你先肯定他幫助過人的善意呢，結果就大不一樣了。你已經先表達了感謝和稱讚了他助人為樂的精神，他自然就不好意思把你拒之門外了。」

可見，會說話、說巧話不僅能使你在交流中暢通無阻，還能給你帶來好運。會說話的人，即使是壞話，也能讓人樂於接受，聽了不惱不怒。但是那些不善於駕馭語言的人，有時候，好話在他們嘴裏，也會讓人誤解、難以接受。下面就是一個很經典的例子。

張三笨嘴笨舌、很不會說話，經常得罪人。有一次，他的一個鄰居給孩子做「滿月」請他去吃飯，他的老婆怕他亂說話，臨出門前告誡他：「今天去光吃飯，什麼話也不要說！吃完飯就回來！」張三一一應允。到了鄰居家，張三一句話也不說，埋頭吃飯，鄰居也暗鬆了一口氣。吃完飯要走，張三在門口對主人說：「今天我可是一句話也沒有說，以後你的孩子要是有個三長兩短，可跟我無關。」

說話的主要目的就是交流、溝通。像張三一樣講話，只會增加交流障礙，有時還可能會引發不必要的衝突。會說話，說巧話，不僅能使你「語出驚人」，還能使你在社交中如魚得水、展現魅力。在有些人看來，說話的魅力似乎只是一個大而籠統的概念，但這卻是一種外在的、真實可見的美。

有時，同樣的意思，由不同的人說出來，其韻味截然相反。比方說，有的人能把一件平平常常的事講得繪聲繪色、跌宕起伏。有的人說起來卻稀鬆平常、毫無生趣。所以，掌握一些說話的技巧，讓自己變成一個有語言魅力的人，不僅能為你的閃亮登場換來喝彩，也能為你的優雅轉身畫出魅力的弧線，更是為人處世的必修課程。

世界知名化妝品牌玫琳凱的創始人玫琳凱·艾施女士，在事業上成績斐然，她的工作哲學比她經營的化妝品流傳更為廣泛。在生活中她更是注重細節、追求完美，她舉止大方、言談溫柔，一言一行都會讓身邊的人感覺舒適、樂於接受。下面來看一下，她是如何為自己的化妝品公司發展顧客的吧。

在她的化妝品公司剛成立不久，有一天她與朋友去一家成衣店閒逛。看到兩個女孩在試穿衣服，其中金髮的女孩子試穿了一件衣服，看起來不錯。黑髮的女孩便稱讚道：「這件衣服很漂亮，但是剛才那件的扣子更漂亮。」金髮女孩聽後有點不高興地說：「那是什麼破衣服，不好看，我才不要呢！」黑髮女孩聽後也有些生氣，心想自己就提個建議，至於這麼生氣嘛。兩個女孩都很生氣，氣氛一時間變得很尷尬。

看到這裏，玫琳凱走了過去，溫柔地對金髮女孩說：「這件衣服的領子很漂亮，把你襯得像公主一樣高貴美麗，假如再配上一條項鏈，那就更加完美了。」金髮女孩很高興，因為她自己就是那麼想的。黑髮女孩小聲說：「我也是這樣想的。」玫琳凱又微笑著對黑髮女孩說：「這件扣子漂亮的衣服你可以試穿一下，因為它特別能襯托出你優美的身材。」黑髮女孩高興地笑了：「真的？我挺喜歡這件衣服的，就是不知道合不合適。」玫琳凱肯定地點點頭：「一定很合適。不過，如果你們再稍微注意一下面部皮膚的護理，那麼就會顯得更美麗……」

就是在這家服裝店，說話含蓄、技巧高明的玫琳凱·艾施女士，又為玫琳凱化妝品公司爭取到了兩名忠實的顧客。

會說話不但可以幫助你展現出自身的魅力，還能使別人更容易接受你，玫琳凱女士成功的秘訣就在於此。當然，「會說話」不僅僅是指說好聽的話，更重要的是要講究語言運用的藝術。

在日常交往中，人們在說話的時候，可以表現出他的心情、性格、愛好和意圖，滔滔不絕固然是能使人感覺開朗豪放，但是滔滔不絕、沒有節制的說話，也是虛偽或缺乏自制力的表現。所以，在一些場合裡，要把握好說話的度，做到言簡意賅、表情達意即可，千萬不要高談闊論、不著邊際，讓人生厭。

此外，說話的時候，要風度沉穩。在嘈雜的市場裏，許多小商販一口一個「叔叔」、「阿姨」或者「美女」、「帥哥」，為何他們滿面帶笑，你自己感覺不到親切呢？很簡單，他們的表情不真實、笑容太職業、語調不合適，很多人都是找過你零錢，笑容立刻消失、冷面相對，這種過於頻繁的變化讓人感覺不到真實。因此，說話的語調要盡可能舒緩沉穩，這樣才會讓別人感覺到你的親切和真誠可靠。

另外，在與人談話的時候，要面帶微笑，這是一條永恆不變的魅力法則。一個面帶微笑的人，總能使人放鬆，得到更多的好感。假如你面無表情，神態木訥，難免會讓人有種被拒於千里之外的感覺。而當你微笑著與別人說話時，面帶微笑可以活躍談話氛圍，消除心理障礙，拉近彼此之間的距離。當然，微笑也要掌握分寸，媚笑可以顯露你的女人味，但是容易使人產生遐想；不合時宜地嬌笑會給人做作感；大笑或狂笑就是一種失禮的表現了。

總之，一個人的言談舉止能傳達出多方面的資訊，譬如修養、內涵、學問、興趣愛好等。同樣，這些要素的增加和改變都會影響到個人魅力。因此，你若是想成為一個有魅力的人，必須在語言上下一番工夫。在培養外在言談舉止的同時，也要注重內在修養的提升，讓自己成為一個具有獨特語言魅力的人。

5 會說話，讓你事業順利

美國思想家班傑明・佛蘭克林說過：「說話和事業的進展有很大的關係……你想獲得事業上的成功，必須具有能夠應付一切的口才。」

說話是一個人智慧的反映，是影響一個人人際和睦、事業成功、生活幸福的重要因素。

各行各業都需要專業的人才，但是說話能力對一個人來說也至關重要，很多時候，說話能力與專業能力是相輔相成的。當今社會中有一些不善言辭的人雖然學識淵博卻無人賞識，工作出色卻得不到獎勵，業績突出卻總得不到提升……這些都是說話表達能力欠缺的體現。一個人無論多麼偉大，他不表現出來，別人怎麼看到他的偉大？他又怎能得到別人的肯定和讚揚？

唐朝，有一位喜歡四處遊學的年輕人，在江南，他認識了一位畫友。他們性情相投，經常在一起切磋畫技。有一天，畫友做了一幅畫，請年輕人評價，年輕人為人誠實，他看後認真地說：「你的畫只值一兩銀子。」畫友聽了很生氣，但是他也沒有說什麼，不久兩人就分了手，各自遊學去了。

次年，年輕人進京趕考，狀元及第，在朝拜皇帝時才發現，當年的那位畫友竟然是皇帝，皇帝想起往日之事，就想刁難他一下，他拿出當年的畫問道：「現在你認為這幅畫價值幾金？」

狀元看了看畫說道：「如果陛下能廣開天恩，把這幅畫送給微臣，那麼在臣眼裏，他價值千金，但是如果拿去賣，這幅畫只值一兩銀子。」

滿朝文武大臣都以為皇帝會勃然大怒，但是皇帝聽後卻為新科狀元的忠貞正直撫掌大讚，因為在皇帝看來，真正有骨氣、剛正不阿的人才是國家的棟樑。

話語就像是一把打開成功之門的鑰匙，在人生的道路上，會說話能夠贏得上司的信賴、同事的合作、下屬的尊重。因此，要善於運用說話的技巧，通過巧妙、得體的說話藝術，為自己贏得成功。

會說話的人到哪都受人歡迎。因為他能使許多不相識的人目光集於一處、力量集中，也可以使原本陌生的人擁有共同的興趣，彼此感覺到自我價值的提升。也可以輕而易舉地消除誤會、打破隔閡。好口才有利於表現自己、說服他人。一個人想要成功，提高自己的溝通能力非常重要，擁有一副好口才是必備條件。

馬克・吐溫說：「恰當地用字極具成效，每當我們用對了字眼……我們的精神和肉體都會有很大的轉變，就在片刻之間。」歷史上許多偉人就是因為善於運用字眼的力量，大大地激勵了當時的人們。當年，派翠克・亨利站在北美十三州代表的面前發表講話：「我不知道其他的人要怎麼做，但就我而言，不自由，毋寧死。」這句慷慨激昂的話激發了北美殖民地人民的決心，他們發誓要推翻長久以來壓在他們頭上的殖民主義，反抗之火在一夜間燃遍美洲大陸，美利堅合眾國於此誕生。

在人際交往中，說話得體的人收到的評價往往要高於其他人。不過大家應記住，說話並不等於單純的遣詞造句，過於精雕細琢、賣弄技巧的話，無意中就有可能引起別人的反感，甚至讓人誤解你的本意。這樣也有可能讓你在處理事情時，遇到一些不必要的障礙，沒有想像中的那麼順利。

也許會有人說，說話多的人都不是做實事的人。在他們眼中，只有「多做事，少說話」的人最踏實。其實，會說話才能把事情做得更快更好，許多會說話的人，就是能做事的人，要做事，就不得不會說話。社會也需要這方面的專業人才，比方說，電視節目中的主持人，學校的教師，公共場合的宣傳員，展覽會的講解員……會說話是他們的工作要求，他們也都是在用自己的口才服務於社會，推動社會各方面事業的進步與發展。而該說話時不說話、亂說話，都只能妨礙事情的進行與發展。

有時候，一句巧言妙語所擁有的能量並不亞於一顆原子彈的威力。原子彈在遙遠的沙漠戈壁騰空而起，這邊的你也許都感覺不到，但是，有時候，一句話卻能在他人心裏激起千層波浪。所以，會說話，是一門很實用的藝術，會說話，能使你在現實社會裏事事得心應手，時時如魚得水。

6 會說話，讓你家庭幸福

家庭生活可以說複雜，也可以說簡單。簡單是說它簡單煩瑣，複雜是說它包含婆媳關係、夫妻關係、父母與子女間的關係、女婿與岳父母之間的關係等。不管哪一層出了問題，如果處理得好大家皆大歡喜，但若是處理得不好，小則小打小鬧，大則導致家庭關係的破裂，甚至是家庭解體。家庭生活貴在溝通、理解和支持。善於溝通的家庭，鮮有爭吵，也很少有讓人窒息的冷戰，更沒有武鬥。

家庭生活最關鍵的樞紐就是夫妻雙方，整個家庭生活都是以他們的結合而組成的。但是如何讓雙方的感情持久保鮮呢？這就要看夫妻善不善於交流溝通了，只要你懂得讚美自己的丈夫或者妻子，善於發現和欣賞對方的長處，肯定對方的成績，就能做到婚姻生活的長久保鮮。

如果你作為丈夫，看到妻子從百貨公司買的新衣服，第一個反應就是亂花錢，那麼接下來你哪裡還有心情去欣賞它的造型和款式呢？你要是能高興地看著妻子穿上它，說道：「老婆的眼光就是不錯，很漂亮，但是如果價格再稍微低一點，就更完美了！」從你的言談裏，妻子不單能感到心理的滿足，也許還會為自己亂花錢的行為感到些許的不好意思，下次再買衣服的時候也許就會控制一些。丈夫的讚賞和肯定，是妻子最想得到的，你的建議巧妙而隱秘，她當然也樂於接受。

身為妻子，經常對自己的丈夫進行讚賞，也能夠達到融洽夫妻關係的妙處。例如，你的丈夫球技不佳，但卻對足球情有獨鐘，如果他在踢球時你不屑地說：「踢什麼啊，還不如在家休息呢！」此時，他一定會非常失望。但是，如果你對他喜愛的足球明星瞭若指掌，他踢球時你也會興高采烈地在旁邊吶喊助威，他心裏一定會美滋滋的，他肯定會想：有一位這麼有共同話題還支援自己的老婆，比起我那些和老婆三句話都說不攏的朋友，我真是太幸運了。夫妻之間在語言上的交流是非常必要的，很多人認為，戀愛期間說了那麼多甜言蜜語，婚後就不必說了，這是一種錯誤的想法。

自古以來，公婆與媳婦的關係問題被列為家中最難念的一本「經」。這主要是因為他們是分屬兩個年齡階段的人，對事物的看法、觀點也難免不同。再者，由於沒有天生的血緣關係，親情需要很長的時間才能培養起來。再則，很多公婆都把兒媳當成「假想敵」，他們認為，兒媳的出現，奪走了兒子對自己的關注。因此，公婆與兒媳的關係往往不甚和睦。

其實，處理好公婆與媳婦的關係，也並非想像中的那麼難。父慈子孝，相互體諒和愛護才是最好的解決辦法。公婆對兒子、兒媳平等對待，兒媳對父母、公婆一視同仁，矛盾根本就無從說起。

要想處理好與公婆的關係，先得討公婆歡心。勤勞持家必不可少，婆婆是女人，最好溝通，如果她年事已高仍注重外表，你可「虛偽」地說：「媽，您可真年輕，年輕時一定有很多人追妳的，就算現在，走在街上誰能看出我是您兒媳婦呢？人家還以為您是我的大姐。」這時就算婆婆假裝罵你幾句：「傻媳婦，就別取笑我了，頭髮都白了一大片了，還怎麼能和你們年輕人比。」可心裏卻樂滋滋的，說不定晚上還偷偷地照照鏡子欣賞一下自己。

對自己的父母，也要體貼關懷、學會讚美，但是，讚美的語氣一定要謙虛、誠懇，只有這樣，父母才會從心裏高興。

孩子的成長是一個漫長的過程，對他們的成長教育稍有失誤就會後患無窮。因此，對孩子要有足夠的耐心，孩子表現良好要及時給予表揚，遇到困難要給予鼓勵，犯錯誤也要注意批評方式，當然，作為家長，也要以身作則，在行為、道德方面為孩子做好表率。

家庭生活表面上看去平淡無奇，但是裏面同樣包含溫馨甜蜜，它是一個人一生中最重要的組織方式，它就好比一台機器，有著固定的模式和程式，但是他總是會有新的產品不斷出現，這些新產品就是內部各部件協調工作的產物。良好的語言表達能力，就是家庭生活中保證家庭這部「機器」平穩運作下去的「潤滑劑」。

7 會說話，讓你友誼多多

孔聖人說過：「一言興邦，一言喪邦。」孟子也說過：「良言一句三冬暖，惡語傷人六月寒。」從這二位聖人的話中，不難看出語言的分量，一句話有時比自然界的變化更能給人帶來影響。這就要求你說話時小心謹慎，尤其是在某些特定場合中，更需如此。

在人類這個群居社會裏，與他人的交往中，語言的交流作用始終都是占第一位的。談吐優雅、張弛有度，會給人雍容大度的感覺；言語輕狂、風言風語，容易給人留下粗俗不堪、人品惡劣的印象。人人都有一張嘴，但是，只有運用得當，才能使你在社交中如魚得水、所向披靡，贏得更多的朋友。

友誼如蜜，能給你帶來甘甜，友誼如玫瑰，能使你的心情保持芬芳，長久的友誼如同美酒，歷久彌香。每個人都需要朋友，他們可以在你喉嚨乾渴時為你遞來一杯水，在你摔倒的時候默默地扶起你，在你失意的時候為你擦去臉上的淚水。

會說話，才能打開別人的心扉，只有打開別人的心扉你才能更深一步地瞭解他，你們才有成為好朋友的可能；會說話，你才能割不斷與老朋友聯繫，不失去老朋友。

亞里斯多德曾說過：「因為雙方都沒有開口，就這樣失去了很多友誼。」其實仔細想想，就是這個道理。每一個朋友都是從陌生人開始的，但是，如果你不去與陌生人說話，你就永遠也不可能認識他，更不要說和他做朋友了。在生活中，人們因不同的原因走到一起，匆匆相聚之後又各奔前程。在這短短的聚散中，也要把握好每一次談話的機會。多一個朋友多一條路，會說話是接近一顆陌生心靈的最佳方式。說一口優美動聽的話，能使你贏得別人的好感，增添許多朋友，但是，惡言相向，會使你失去人心、樹敵更多。

隨著現代社會競爭性和開放性的不斷加劇，在日常生活和社會活動中，人們的社交圈愈來愈大，接觸到的陌生人也越來越多。把握好與人交流的技巧，會給你帶來意想不到的驚喜，也許，你的新朋友就在身邊。

李強是一個推銷員，閒暇時間喜愛玩玩籃球，他最大的愛好是看籃球比賽和推銷。有一天他去找一個朋友，誰知朋友恰好有事出去了，他就在朋友的門外等候，對門的鄰居趙先生出門倒垃圾時看見了他，兩人順口聊了幾句，聊得很開心，趙先生熱情地邀他進屋，他客氣了一番就隨著主人進屋了。他看見趙先生家桌上放著太陽餅，就順口誇了一下台中人的好客，夠朋友，趙先生一聽很高興，兩個人就坐在一起聊起來，幾句話就聊到了這幾天的球賽，沒想到兩人都是球迷，最喜愛的球星都是洛杉磯湖人隊的科比。兩人相見恨晚，直聊得天昏地暗，等到李強的朋友回來的時候，李強已經和趙先生到了無話不談的地步。

趙先生在自己的生活圈子裏不忘為李強這個新朋友拉攏客戶，在趙先生的幫助下，李強擁有了更多的顧客。不久後，李強被提升為部門經理。他在向各個下屬傳授經驗時，明確提出，在與陌生人的交往中，縱是萍水相逢，也一定要注意雙方之間的言辭。有時，這種交往就會給你帶來意想不到的驚喜。

例子中的李強，一次偶然的機會，結識了新朋友趙先生，與趙先生的相識，又有利於他業務的開展。和不認識的人聊天談心，既能增長見識，又能打發時間，確實是一件樂事。談話中，李強是從談話對象的籍貫入手的，無形中就拉近了兩人之間的距離，接下來的交流就變得非常順利。

結交新朋友，要向李強學習，挑選出對方感興趣的話題，從簡單的方面入手，適時地給對方讚美和肯定，這樣就能打開交流的門戶，然後再逐步將自己介紹給對方，就共同的興趣和愛好交換心得和分享快樂，從而使雙方都進入一個輕鬆愉悅的境地。也許，你身邊的這個陌生人多年以後就是你的老朋友。

最後，還要提醒大家，不要只顧著結交新朋友，而忽略了自己的老朋友。老朋友雖然不需要花太多的精力去維護，但是，也需要與他們進行溝通，保持聯絡，只有這樣，你的友誼之樹才會枝繁葉茂、碩果累累。

CHAPTER 6

溝通的語言技巧

Language skills to communicate

1 說話學會拐個彎

晉文公在用餐時發現烤肉上纏了根頭髮。他把廚官叫來怒斥道：「烤肉上怎麼會有頭髮呢？你是存心要害我嗎？」

廚官慌忙下拜說道：「小臣該死，小臣有死罪三條，願我王先允諾我一一道來，小臣找來磨刀石磨刀，把刀磨得像寶劍那樣鋒利，一切肉就斷了，可是卻沒有切斷肉上的頭髮，此為罪狀一；肉是用木棍穿起來的，但沒有發現肉塊上纏著頭髮，此為罪狀二；用燒得通紅的炭火烤肉，肉都烤熟了，頭髮卻沒有燒焦，此為罪狀三。小臣有此三罪，不敢苟活，願聽我王發落。」

晉文公聽後覺得事情很蹊蹺，一定不簡單，就派人去調查。結果發現，一個侍臣曾經與廚官有過節，他想借文公之手除去廚官，於是傳菜時故意在烤肉上纏了根頭髮。文公知道後，將侍臣處死，赦免了廚官。

故事中，廚官先低頭認罪，細數自己的三條罪狀，這就是一種拐彎的說話方式。其實，他所謂的認罪也是在變相為自己辯解：切肉的刀削鐵如泥，肉都切碎了，何況纏在上面的頭髮？用木棍將肉一塊一塊串起來，怎麼能發現不了頭髮？第三條更荒唐，用木炭烤肉，肉都熟了，頭髮能不燒焦嗎？這三條罪狀顯然與事實不符。

廚官無疑是聰明的，如果他一味正面辯解，說頭髮不是自己放的，不但無濟於事，反而會使晉文公火上澆油，自己也難逃死罪。廚官的聰明之處就在於，他正話反說，對文公進行旁敲側擊，從而使自己獲得了清白。

這樣，廚官曲意認罪不僅證明了自己無罪，同時也提醒了晉文公，有人想陷害自己。廚官的「低頭認罪」維護了晉文公的帝王尊嚴，也平息了他的怒火，同時，也揭露了事情的真相，可謂一石三鳥。就這樣，廚官運用以退為進的戰術使自己免除了殺身之禍。

現實生活複雜多變，心直口快、直言直語，有時候行得通，但是有時候卻會給你帶來不必要的麻煩。因此，說話應該學會拐彎，應該用以退為進的說話方式，先迎合對方讓對方冷靜下來，以給自己取得緩衝，再從側面向對方擺明自己的觀點，讓對方通過思考瞭解事情的真相，變被動為主動。

在日常生活中，在說服別人時，有時也應從側面尋找攻破點，運用迂迴之術。來一個小謀略，讓對方在一目了然的事實面前接受你的建議。迂迴戰術的巧妙，同樣可以在下面這個小故事中體現出來。

風的性格急躁，善變不定；太陽則性格溫和、和藹可親。有一天相遇，它們為誰的本事大爭論了起來，爭論了好久，也分不出高低。

風非常憤怒地說：「我無所不能，既可為酷暑帶來清涼，也可以給收穫帶來災難；我所向披靡，戈壁險灘、高山大河，都阻擋不了我前進的腳步。」

太陽說：「你之所以能驚天動地，還不是多虧了我的支持，沒有我，你算什麼？」它們誰也不服誰，於是便決定比試一下。

這時，它們看到了一個砍柴的農夫穿著厚厚的皮大衣，戴著暖和的皮帽子，正在樹林裏把斧子掄得熱火朝天。

風搶先說道：「我跟你打賭，我可以用自己的力量，很快就讓他把身上的衣服都脫盡。」太陽搖搖頭，風被它的態度激怒了，它用足了勁，決定以最快的速度來讓農夫屈服。只聽風聲四起，猶如萬馬奔騰，排山倒海般直奔農夫而來。農夫感覺突然間天寒地凍、寒風刺骨，他趕快把衣服緊得更緊了，還跺著腳說：「這鬼天氣，說變就變，怎麼越來越冷了？早知道就多穿點衣服再出門。」

太陽看了，微笑著對垂頭喪氣的風說：「你的方法太過粗暴直接，只會讓別人無法接受，還是看我的吧。」太陽發出柔和的光，鋪滿整個大地。一會兒，農夫覺得渾身冒汗，他摘下了皮帽，脫下了皮衣，嘴裏還嘟噥著說：「真是奇怪，天氣怎麼突然變得這麼熱。」

迂迴戰術的巧妙之處在這則小故事中得到了鮮明的體現。這種迂迴戰術在現實生活中同樣被許多成功人士所推崇。戰略家克羅莫斯在《戰略術》一書中對它的評價是：「無論是在政治、經濟還是在國際關係中，迂迴戰術都比直接攻擊更有勝算。直接攻擊只會激怒敵方，使矛盾激化，從而招來更加強烈的反抗。迂迴則是以間接的、不知不覺的方法，使形勢轉變到有利於自己的一方。」

不單如此，在激烈的商業競爭中，這種方法同樣百戰不殆。

高島武夫是日本一家四星級飯店的經理，在接任四星級飯店的經理職位之後，高島武夫得知飯店董事長及夫人有樂於干政的心理，他的前任就是因為反對他們干政才被迫解職的。

看過《歐也妮・葛朗台》後，感悟頗深的高島武夫沒有沿用前任的辦事方法，他事無巨細地一一向董事長夫婦彙報，甚至連菜價變動及進貨多少這些小事也都打電話請示。至於各種會議，他更是不忘向二人發出邀請，要他們在會上作出指示。

這樣一來，董事長及其夫人整天忙碌於瑣事和應酬之中，連個安穩覺都睡不成，煩惱倍增。終於有一天，董事長在電話裏告訴高島武夫，不要再來煩他！有什麼事自己全權決定。

高島武夫並沒有用語言進行勸說，而是運用迂迴戰術，終於改掉了董事長及其夫人的壞毛病，並且安坐在總經理的寶座上。從這一點可以看出，高島武夫比他的前任要高明得多。

很多人認為「有理走遍天下」、「有理不在聲高」。但是，這些想法有時是行不通的。自己有道理固然重要，關鍵是你採用什麼樣的方式去說服別人，讓別人也接受你的道理，這才是真正的會說話。

2 說話要顧及對方的自尊

有這樣一則寓言：

有位樵夫救了一隻小熊，母熊對他感激不盡。有一天，母熊安排豐盛的晚宴款待了他。翌日早晨，樵夫對母熊說：「你款待得很好，但我唯一不滿意的就是你身上的那股臊臭味。」母熊雖然怏怏不樂，但嘴上卻說：「作為補償，你用斧頭砍我吧。」樵夫照它的話做了。若干年後，樵夫又遇到母熊，問：「你頭上的傷好了沒有？」「那次痛了一陣子，傷口癒合後，我就忘了。不過，那次你說的話，我一輩子也忘不了。」母熊回答說。

從上面的例子中，可以看出由於不尊重對方而產生的語言傷害可以超過肉體傷害。而在人類社會中，儘管每個人的社會角色、地位和價值都不盡相同，但每個人都需要尊重。如果不能對他人尊重，又怎能奢望別人來尊重你？有的人就是喜歡對大人物以禮相待，對小人物趾高氣揚。但是，不論卑賤高貴，任何人都是有尊嚴的，每個人的尊嚴都是珍貴的。有些人為人處世時，就是喜歡逞口舌之快、不顧及別人的顏面和尊嚴，豈不知，一次欠思考的舉動，很多時候只會給你招來同樣甚至是更厲害的「回報」。所以在與別人交談的時候，如果能夠極好地維護他人的自尊，便會收到意想不到的溝通奇效，而盡可能地避開對方的短處和傷口，是談話能否成功的關鍵。但若故意取笑對方的缺陷，那麼只能自取其辱。

春秋時期，齊國的宰相晏子是個身材矮小之人。一次，他出使楚國，楚王想借他身材矮小耍笑一番。晏子到了楚國，門衛只打開小門來迎接他，晏子何等聰明，他當然明白楚王的用意，於是大聲說：「我代表齊國出訪無數次，到什麼樣的國家就受到什麼樣的待遇，都是到大國從大門進，到狗國從狗洞進，想不到堂堂楚國也會用到狗國的禮儀，真是不虛此行。」楚國君本想羞辱晏子，卻反過來遭到晏子的羞辱。

俗話說：「打人不打臉，罵人不揭短。」在日常生活中與人交流時，要盡可能地避免提及對方的短處，另一方面也可以從關心對方的角度出發，善意地為對方出謀劃策，使他揚長避短，或者使他不為自己的短處而自卑。你如此尊重他人，就能得到別人的尊重，甚至還會因此得到別人的信任乃至感激。

說話的時候也是一樣，只有不卑不亢，正視自己，尊敬別人才是正確的。如果不顧及別人的自尊，或故意觸碰別人的傷口，就會令別人產生反感，甚至是搬起石頭砸自己的腳。

有一個窮酸秀才屢試不第，沒有辦法，只好在村子裏辦個私塾，聊以謀生。雖然大家尊稱他為「先生」，但是背後都對他一說話就愛賣弄文采、咬文嚼字的壞毛病深惡痛絕。

有一天在村裏閒逛，碰見一個女子帶著一對雙胞胎。他見那女子姿色秀麗，壞心眼頓起，就悄悄問那兩個孩子：「你們兩個，哪個是先生的，哪個是後生的啊？」那女子見他為師不尊，大怒，說道：「不論先生後生，都是老娘的兒子！」那先生一聽，急忙灰溜溜地走了。

文中的這個秀才是一個自以為聰明卻自取其辱的人。尺有所短，寸有所長，只看見自己的長處，就會目中無人，只看見自己的短處，就會喪失自信。每一個人都有自身無法消除的弱點，就像天生的矮個子、畸形等。如果你老是盯著別人的弱點不放，而口裏卻又說著甜言蜜語，別人也無法看到你的真誠。那麼便會出現這兩種情況：一是別人不願意再與你交往。二是別人不甘受辱、揭竿而起，對你進行反攻，揭露你的短處。這樣勢必造成互相揭短，互相嘲笑的對峙局面，進而發展到互相仇視。如此，你與別人的交談，只能算是失敗，別人對你的印象也是相當糟糕的。

有人把揭短、戳痛作為打擊敵方的武器，那只能自取其辱，如果無意，一不小心犯了對方的忌諱也是後患無窮。有心也好，無意也罷，在待人處世中揭人之短、戳人之痛都會傷害對方的自尊，輕則影響雙方的感情，重則導致友誼的破裂。下面來看一個小故事：

年輕的胖姑娘小李整天吃減肥藥，但是體重一直都居高不下，為此，她無比煩惱。有一天，同事小張對她說：「你吹氣似的那麼胖，你整天都吃了什麼呀？才幾天不見，又胖了一大圈！」胖姑娘一聽惱羞成怒：「真是狗拿耗子，多管閒事！我胖礙著你什麼了？又不吃你的，不喝你的，你自己吃飽撐的吧？」小張不由面紅耳赤。

在這裏，小張明知對方的短處是胖，卻不知避開，還「明知山有虎，偏向虎山行。」結果犯了對方的忌諱，挨了一頓臭罵，這不是自找難堪嗎？有時候，明知是忌諱，你裝作不知或者不關心，也比說出來讓別人心裏舒服。人人都需要起碼的尊重和理解，不去觸摸別人的傷口有時比禮貌和同情更能給人溫暖。但是，善意的禮貌和同情也要把握一個分寸，否則在心靈敏感的人那裏也會產生相反的效果。

一個商人在路上看到一個鉛筆推銷員站在寒風中，憐憫之心頓起。他走過去，拿出十塊錢丟進他的錢袋中，就走開了。剛走幾步，商人就聽到推銷員在背後叫他，他一回頭，只見那個人紅著臉對著他大聲說道：「你為什麼不拿我的商品就給我十塊錢？我年輕又身體健康，是一個推銷人員，不是一個乞丐。」商人轉身回來從他手裏拿了幾支鉛筆，並對他說：「對不起，希望你不要介意，我忘了拿了。」推銷員說：「你我都是商人，賣東西也是明碼標價。你給我十塊錢，又不拿東西，你是不是認為我就是一個值得同情的小商販？」商人連忙說了幾聲「對不起」，然後就離開了。

商人的舉動無疑傷了那個推銷員的自尊心。因為任何一個有獨立人格的人，都不可能坦然接受別人的施捨或同情，雖然你儘量地表現出禮貌和無心，但在這些人看來，你還是傷了他們的尊嚴。

人無完人，每個人總有自己的缺點，但對於別人的缺點，不要刻意地去強調或指出，應該抱以寬容的心，去體諒別人，理解別人。說話的時候慎言慎行，「話出口前留三分」，切忌讓自己的無心之過給自己留下無窮後患。

3 說話要注意自己的角色定位

一個人處在什麼樣的場合就要扮演什麼樣的角色，並且還要運用與之相符的角色語言，然後再與自己的個性特徵結合起來，只有這樣，話語才能顯得生動活潑。也許在現實生活中有一些人說起話來官腔十足，角色色彩是夠了，但是卻給人留下了不好的印象，還有可能會適得其反。好的角色語言應該是共性和個性的統一，就是既符合角色身分又不失個人風格。

英國女王維多利亞與丈夫一向相親相愛、感情和睦。但是因為維多利亞女王成天忙於公務，出入各種社交場合，冷落了丈夫，而她的丈夫亞伯特卻和她相反：對政治不太關心，對社交活動也沒有多大興趣，因此兩人有時也鬧些彆扭。

有一天，維多利亞女王獨自去參加一場社交活動，直到深夜才回到家，她見房門緊閉著，便走上前去敲門。

房內的丈夫問：「誰啊？」

女王回答：「我是女王。」門沒有開，女王再次敲門。

房內的丈夫又問：「誰呀？」

女王回答：「維多利亞。」門還是沒開。女王想了想，又上前敲門。房內的亞伯特伯爵仍然問：「誰呀？」

女王這次學乖了，溫柔地回答：「你的妻子。」這時，門開了，丈夫亞伯特還伸出了熱情的雙臂，迎接女王回家。

作為女王的丈夫，亞伯特一開始真的不知道敲門的人是自己的妻子嗎？當然不是，他只是在明知故問。為什麼維多利亞前兩次敲門都吃了閉門羹，而最後一次丈夫不但開了門還非常熱情呢？這就是因為她沒有認識到自己的角色，語言沒有隨著溝通的環境和對象的變化而加以調整，她所說的話與當時所扮演的角色嚴重不符，所以前兩次敲門才會失敗。

第一次女王回答「我是女王」，「女王」的稱呼代表了一種君臣關係，這顯然與夫妻關係不符，所以她這樣回答就顯得態度高傲，傷害了丈夫的自尊心，難怪會被拒之門外。

第二次敲門，女王回答的是「維多利亞」，這次的回答比第一次要合適得多，但是「維多利亞」只是一個中性的自稱。在任何場合，對任何人都可以這樣自稱，毫無感情色彩，態度也顯得非常平淡，因而喚不起丈夫的親昵之感，結果門也未開。

到了第三次敲門，「你的妻子」這句話體現出了她本身作為妻子的角色，並且傳達出妻子特有的溫柔和濃烈的感情色彩，這也把溝通雙方的角色作了明顯的定位，極大地滿足了丈夫的自尊心。聽了這樣的話，亞伯特先前的不愉快也一掃而光。就是這樣的一些稱謂的變化，使得女王不僅敲開了房門，也敲開了亞伯特的心扉。

說話必須注意場合，在不同的場合，要運用不同的方式表達自己的想法。若是不分場合，想到什麼就說什麼，是不會說話、不知道分寸的表現。因為，特定的場合在很大程度上會制約著語言的運用，若是能夠善於利用這一特點，有時也能夠收到奇效。

因此，在溝通中，應根據場合和角色來把握分寸，語言更要注意變化，不然的話就會發生角色錯位。例如維多利亞女王，在工作上是女王，回到家就是妻子，她的語言形式一定要符合自己所處的環境才行。

蘭蘭剛結婚沒多久，以前在家隨便慣了，有什麼就說什麼。但是，這個壞習慣讓她在婆婆家吃了不少的苦頭。

有一天，蘭蘭下班後剛剛到家，她的婆婆就端著一碗熱騰騰的魚湯出來了，嘴裏還念叨著：「蘭蘭，快過來趁熱吃吧。」誰知蘭蘭把嘴一撇，說了一句最不該說的話，「前天是紅燒魚，昨天是清蒸魚，今天又是魚湯，怎麼老是讓我吃魚呢？」

婆婆在聽完她的話後，頓時呆立在了一旁，她傷心極了。因為兒子以前告訴過她自己的媳婦愛吃魚，老太太好心好意每天變著法子給她做魚吃。這下子可好，不但沒有感恩，反倒引來了她的不滿。老太太一氣之下，一連好幾天都沒再做過魚。

其實，蘭蘭在把話說出來之後，就意識到自己說錯話了。但她又不好意思向自己的婆婆承認自己的口誤，所以一時間搞得婆媳關係不是很融洽。

蘭蘭說話的時候就是沒有把握好場合和分寸，在心理上傷害了婆婆。雖然這位婆婆沒注意到好的東西吃多了也會感到膩味，但是，作為兒媳也不應該責怪自己的婆婆。這裏的主要問題就是媳婦講的話不合適，她忘了自己所扮演的角色。這位平時嬌生慣養的兒媳婦跟自己媽媽說話一貫如此，做母親的當然不會計較女兒說話輕重。這話如果出自她自己女兒之口，她聽了也許只是樂呵呵地說：「喲，這不才吃三頓魚嗎？怎麼就嫌膩了？虧你還愛吃魚呢！」可是這話出自剛過門不久的兒媳婦之口，這多少都會引起婆婆的反感，另外還很容易造成角色上的錯位。

4 巧借他人之口達自己之意

溝通時，直言不諱或面對面的交流雖然能夠很直接地傳達自己的意思，但有時候卻不能讓對方信服，或者難以讓對方接受，也就無法達到溝通的目的，然而，借助別人的嘴巴替自己講話往往能夠達到更好的效果。一般來講，別人講出的話具有更大的可信度，在背後也願意替別人講話的人，肯定有過人之處，別人的威望和影響也會相應地提升你的價值。

有時候，如果強行地表達自己的見解，不僅不會被接受，還會失去合作的機會，使彼此的關係越來越惡化。這時不如通過別人的嘴巴巧妙地傳達自己的想法，這樣可以避免緊張氣氛，促使關係的融洽。

有時直接告訴某人一個建議或直接指出某個人的錯誤，不但他不會接受，也許還會非常惱怒，甚至會反目成仇。所以，應該知道，當自己的意思不能被他人一下子接受時，不妨讓他人代自己傳達意願，這不失為一種溝通的妙計。

巧借他人之口表達自己的意思，這看似不太可能，但卻是實實在在可以實現的，這需要具備兩個條件，即充裕的時間和足夠的耐心。要循序漸進，不可操之過急，給對方足夠的時間，讓他慢慢地消化你的建議，並且將這種建議種到他的心裏，讓他覺得這個建議是自己思想的一部分。這時才會達到你的目的。

如果你想說服一個人接受一種新思想，但碰巧那個人相當固執，冥頑不化，對別人的建議很難接受，此時，你就不能採取正面勸說的方式，因為這樣是行不通的。你不妨從他的角度出發，將自己的建議變成他的建議，通過適當的引導，讓他把你的建議說出來，這樣，他就會感覺這個絕妙的想法是自己想出來的，成就感也會油然而生，從而欣然接受，而你自己的目的也得以完好實現。

凱塞琳・亞爾佛瑞德在一家紡紗工廠做工程主管，她很善於激勵員工，她的辦法就是善於把自己的建議變成對方的建議，讓對方心甘情願地接受自己的建議。

設計及使用各種激勵員工的辦法和準則是凱塞琳的職責。在工廠只生產兩三種紗線時，凱塞琳所用的激勵辦法效果顯著，但隨著產品專案和生產能力的擴大，當工廠能夠生產十二種以上的紗線時，原來的激勵辦法再也無法激起員工的工作積極性。

為了制定出更好的激勵政策，以提高員工的工作積極性，凱塞琳召開了一次會議。在這次會議中，凱塞琳請大家暢所欲言，針對問題究其根源，他們共同對每一個要點進行了討論。凱塞琳請他們說出最好的解決辦法，在適當的時候，凱塞琳以低調的方式，引導他們按照自己的意思把辦法提出來。等到會議終止的時候，凱塞琳實際上把自己的辦法提了出來，而員工們也樂意接受這些辦法。

例子中的凱塞琳就很好地掌握了與人交流時的技巧，並巧妙地借用他人之口，說出了自己的想法，這不失為一種語言交流的技巧。

一位同樣做管理工作的一家電子產品製造公司的副經理章亞龍，也是用這種方式來說服下屬的。

有一天，章亞龍對屬下小劉說：「我認為如果我們把這套電子設備搬到那邊去，也許我們的效率還能提高。」

一天後，主管來到章亞龍的辦公室說：「這個週末，我有了一個最好的主意，如果我們把那套電子設備搬到這裏，我們在組裝線上就能少走不少冤枉路，這樣我們的生產效率能提高百分之七到百分之十。我們不妨試試看。」

而這正是章亞龍想要的結果。他沒有直接告訴主管要做什麼，而是讓小劉去間接地傳達。運用這種方法，要比直接告訴一個人應該去做什麼好得多。絕大多數人都不喜歡被別人指點著去工作，他們喜歡按照自己的方法做事。

章亞龍認為，讓一個人改變他的工作方法或者工作程式的最好辦法，是讓第三者替自己傳達意思，這樣就會讓對方負有全部責任和成就感，表彰他的主觀能動性和預見性，他也相信那全都是他自己深思熟慮的結果，他會感到自己的工作更重要、更安全，而生產效率也會得到提高。

此外，你還要明白，如果想從別人口中聽到自己的意願，你的工作就是提前「播種」，假裝不經意為對方提出好點子、好建議。待時機成熟，讓他自己去收割，也就是給他表現自己的機會。只有這樣做，你才會是最後的贏家。那麼應該選擇什麼樣的人替自己說話呢？

1. 選對方親近的人

人們都有這樣的體驗，親近之人的話會潛移默化地影響大家的觀念，讓大家慢慢形成相同的觀點，這是因為親近之人的話更有信任度。

2. 選一個有威望的人

有威望的人本身就有很強的說服力，他的話語更易被人認可。相信通過這個威望之人的推薦，你的形象就會得到改變。因為在別人看來，被有威望的人稱讚的人必定有特別之處。

5 巧設懸念，吊人胃口

聯想集團總裁柳傳志說：聯想集團培養人才的第一個方法叫做「縫鞋墊」與「做西服」。這是什麼意思呢？當時，許多聽眾都一頭霧水。

接下來，柳傳志解釋道，培養一個長遠型戰略型人才和如何培養一個優秀裁縫的做法相同。培養裁縫，不能一開始就給他一塊上等毛料讓他去做西服，而是應該讓他從縫鞋墊這種基本工作做起。等鞋墊能做好了再做短褲，然後再去做褲子、襯衣，最後才是做西服。他的這種說法一開始就吊起了員工的胃口，一一道來、道理鋪開，讓員工們易於接受又非常的受用。人是不可能一口就吃成胖子的，都是慢慢成長起來的，談話也是如此，做好鋪墊至關重要。所以，說話的時候學會巧設懸念，常常能收到意想不到的效果。

巧設懸念就好像相聲裏的「設包袱」，你可以用扣人心弦的情節，深深地吸引住對方的注意，最後再將「包袱」抖開，這樣可以達到畫龍點睛的作用。設置懸念要高明，要讓對方感覺這一切都是順理成章的事情。事先做好鋪墊，更能引人入勝，最後再一語道破其中的玄機，你既說出了自己的想法，別人也會心甘情願地充當聽眾，不跟你搶話語權，加上強烈的幽默效果，自己的目的輕而易舉就能達到。

明代才子唐伯虎對門住著一家有錢人，經常仗勢欺人。一天這家的老太太過七十大壽，這一家的兒子想請唐伯虎到家表示慶賀，自己臉上也可以增添光彩。唐伯虎勉強同意了。席間，眾親友素聞唐伯虎的盛名，就請唐伯虎寫詩祝壽，唐伯虎常惱這個老太婆教子無方，以至禍害鄉鄰，也想借這個機會，好好把這個老太婆耍笑一番。於是便提筆蘸墨，寫下了第一句：「這個婦人不是人」，眾親朋看了，啞口無言，主人也是惱羞交加，只見唐伯虎不慌不忙地寫了第二句：「九天仙女下凡塵」。這麼一來，大家都轉怒為樂、撫掌大笑。唐伯虎看到這裏，冷哼一聲，又寫下了第三句：「兒孫個個都是賊」，現場的氣氛一下子緊張起來，那老婦人的兒孫們個個氣得橫眉豎目、摩拳擦掌。只見唐伯虎蘸墨揮毫，刷刷地寫下最後一句：「偷來蟠桃獻母親。」這時，主人客人皆大歡喜，個個笑顏逐開。

唐伯虎的對子可謂是跌宕起伏，一步一步把觀眾的胃口吊了起來，大起大落，趣味十足，第一、三句把對方諷刺得入骨三分，而下面每一句都為上一句打好圓場。唐伯虎以妙趣橫生的文字，把主人戲耍一番，對方就算知道他在奚落自己，但是又挑不出什麼毛病，最後還是得樂呵呵地接受，這真是一石二鳥，高明之至。在與人交流時，也要善於設置懸念，調動對方的思維，激發他的好奇心，最後再道明本意，也會收到奇效。

人類具有非常強的好奇心，只要遇見與平常稍微不同的事物，就會圍攏上去探個究竟。例如，假若一個人在鬧市區仰頭持續看五分鐘，周圍一下子就會有許多人慢慢聚攏過來跟著他仰頭看，而且都想知道他到底在看什麼。事實上，那個人也許只是脖子酸了而已；在大街上，如果有一群人擠在一起，熙熙攘攘，旁邊的人一定會湊上去看看他們在幹什麼，其實，人群裏面只有一個賣爆米花的，或者是一個賣小玩具的。有這麼一則小故事：

牆上有一個小洞，旁邊貼著「不准偷窺」。結果看過那張條子的人十之八九都會偷看，而洞內空空如也就豎著一塊牌子，上面寫著：「不讓看，還看！傻瓜，上當了吧。」如果不貼「不准偷看」這張紙條，相信沒有幾個人會去看那個小洞眼。結果，就是那張紙條激起了他們的好奇心。

追求新奇也是聽眾的正常心理，因此，在與人交談的時候，不妨也使用一下「不准偷看」的絕招，你可以事先經過巧妙的構思，以求異為「突破口」，給對方新鮮奇特的刺激，設置吊起聽眾胃口的懸念，先激起人們的好奇心，調動對方的逆向思維。在給對方設疑、解疑的過程中，使其產生恍然大悟的心理愉悅感的同時，再將其擒獲。如果你做到了這一點，那麼你的談話將是非常成功的。

6 時常讚美他人才能受人歡迎

同一棵樹，有的人看到的是滿樹的繁花嫩葉；而有的人卻只看到樹梢上的毛毛蟲。為什麼面對同一個事物，不同的人會產生截然不同的感覺呢？原因就在於有的人懂得賞識、讚美，而有的人只會用挑剔、指責的眼光看待事物。

讚美是對美好事物的肯定，在很多人的眼裏，讚美就是「戴高帽」、「拍馬屁」。在中國歷史上，正人君子們多將那些善於說讚美話的人一律斥之為「馬屁精」，更不屑於與他們為伍，好像能說好聽話的人道德多麼低下一樣。其實，這些看法相當片面，趙高、秦檜、王振之流是人格素質的整體低下，拍馬屁是他們的天生愛好。但是，歷史上很多正直善良的人也都說過讚美別人的話，也沒見他們的人品壞到哪裡去，大詩人杜甫曾寫詩讚美李白「白也詩無敵，飄然思不群。清新庾開府，俊逸鮑參軍。」後世的韓愈更是大膽，「李杜文章在，光芒萬丈長。」可見，僅因幾句讚美或「拍馬屁」的話來對人進行人格劃分是很不可取的。

人們也常常見到，同樣意思的一句話，從不同人的口裏說出來卻有不同的效果。在人際關係複雜多變的現代社會，多說讚美話能使你的受歡迎指數大大增加。有人曾做過一項調查：經常賞識、誇獎、讚美他人的人往往性格樂觀，少有疾病，受人歡迎和尊敬，並且壽命比一般人長；而那些經常抱怨、指責別人的人，孤獨寂寞，心理、身體脆弱，壽命也比一般人短。

在人的內心裏，誰都喜歡聽別人讚美自己。別人誇獎自己，其本身就是一種肯定，誰聽到不會心花怒放、信心大增呢。人總是喜歡別人的讚美的，有時明知對方講的是客氣話，或者話裏所講的言過其實、過於拔高，但心中還是免不了會沾沾自喜，這是人性的弱點，人皆有之。

因此，在生活中，會說讚美話的人，都相當有人緣。很多人聽到別人的讚美話時，心中總是非常高興，臉上也笑容如花，整個人都洋溢著一種喜慶的光彩。口裏有時也會客氣道：「是嗎？我沒有那麼好吧？」「跟你談話真是太讓人高興了！」即使心知肚明，對方所講的是讚美話，當時還是無法掩蓋心中的喜悅，因此，說讚美話其實是與人交流中的一種技巧，讚美話若是講得得體、漂亮，會令你備受歡迎，那麼，在講讚美話時應注意哪些呢？

首先，在讚美別人時，應該看清對象，不可講出與事實相差甚遠、嚴重不符的話。假如，你對一位流著鼻涕、表情呆滯的小朋友母親說：「這孩子看起來好像很聰明！」對方的感受會如何呢？內心肯定以為你是在諷刺她，說不定她當時就會勃然大怒。一句讚美話講得不得體，會適得其反。如果你對一位皮膚黝黑的小姐說：「哦！你真健康，看起來像上屆奧運會田徑冠軍×××」，效果也許會好得多。

其次，在讚美別人時要有一份誠摯的心意及認真的態度。一個人的言辭會反映出他的心理，有口無心、敷衍塞責、言不由衷，都很容易為對方識破，使對方產生被應付、被戲弄的感覺。既然說的是讚美話，就要讓對方感覺舒服。如果沒有這種效果，也就失去了說讚美話的意義。

讚美別人時要真誠大方。這樣才會真正達到增進交流溝通、使對方心情愉悅的效果，真正誇讚別人的話，能讓對方感受到自然、親切，又沒有壓迫感和錯位感。當然，讚美別人也需要有一定的技巧，因為人人都有與眾不同的個性，沒有誰會喜歡千篇一律、成篇連牘的讚揚話。就別人的亮點進行讚美，會使人覺得你眼光獨特、真誠可親。比如，對於美，人們的看法就各有不同。

人臉孔的構造基本上沒有太大的區別。因此，皮膚、神態、講話的內容、方法、聲音、舉止以及笑容，都可以用來作為評定美與不美的標準。所以，「美」有很多種。有些女性容貌超群，單單外表就能迷倒一大片；有些女性並不屬於「天生麗質」型的人，但是低頭一笑，卻千嬌百媚；有的人走起路搖曳多姿、姿態優雅，讓人著迷；有的人才華橫溢、氣質高貴。而那些外表並不突出的人，有時候仍能給別人留下美好的印象，這就是事物的多樣性。對這些人，千萬不要吝嗇你的讚美，「送人玫瑰，手有餘香。」說話也是如此，一句好話，能給人在炎熱的夏天帶來清涼，也能使人在寒冬感受到春天般的溫暖。

對於那些真正的優秀者，誇起來就更方便了。男性你可以誇他的事業、他的學歷、他的家庭和孩子、他的轎車、他最近拋出的股票、他愛好的集郵、賽車、足球明星。對於女性，可以誇的就更多了，她的皮膚、性格、身材，她用的香水、包包和鞋子，甚至跟她聊一下最近的電視劇，如果她也喜歡某個演員，你還可以把她們聯繫在一起，順便誇一下那個演員再誇一下她，她一定笑咪咪地不會反對。但是，誇獎別人可以，千萬不要不懂裝懂，牽強附會，否則效果就沒有你想像的那麼樂觀。

有的人生來就感覺自己很聰明，雖然他們也喜歡聽讚美的話，但是，他們卻不喜歡別人對自己的好惡指手畫腳、橫加評論。面對這種人，你就需要更多的小心，以免一不小心就踏進他的雷區，自己也被炸得面目全非、顏面無存。這個時候需要你審時度勢、體察對方內心、及時把握話題方向，否則你就只能落一個搖頭苦笑的下場。

此外，還需要善於發現別人的亮點，及時讚美，不要在有事相求時，才跑到別人跟前去讚美人家，那樣只會讓別人感覺你的讚美懷有一定的目的，必有所圖。古時的那些為升官發財而逢迎巴結的人，現在那些為選拔而阿諛奉承的人，之所以被人看不起，就是因為他們的讚美中包含太多的功利心。有事相求時才去大肆讚美別人，不但會讓人懷疑你的人品，更容易引起別人對你的鄙視。

如果你是一名企業老闆，對於那些成績突出的員工，你可以進行公開的表揚，這種表揚是最有效的激勵方式，這種表揚不但是老闆對員工熱情工作的關注，也是對其工作的認同和支援。員工也會在心裏產生動力和自豪感，在這種表揚的鼓勵下，在以後的工作裏，他也會更加努力、細心，以取得更好的成績。公開表揚的魅力是巨大的，因為一個典範的樹立，它在一定程度上對其他員工也會產生一種激勵作用，可以激發他們的上進心，這對於整個企業來說，不論是生產效率還是經濟效益，都是有推動作用的。

讚美其實就是一種發自內心的、真情實意的對他人長處的肯定，它不是虛偽的應酬，也不是逢迎巴結，更不是毫無原則的曲意逢迎。它是情感的交流，也是情感的投資，莎士比亞說：「我們的資本就是我們得到的讚揚。」所以在正確的時間，恰如其分地多說讚美的話，你的意外收穫會不期而至。

7 讚美要講究尺度，分清對象

尼采曾經一度自稱為太陽，過度地迷戀自我，讚美自我，最終他瘋了。所以不適度的讚美就如毒藥，有時傷害自己，有時傷害他人。而只有適度的讚美才能達到靈丹妙藥的奇效，不僅令他人心情愉悅，也讓自己倍感快樂。

原一平在做推銷員的時候，常常使用讚美與別人進行溝通。

一次，他到一家公司推銷產品，走進辦公室後，他看到老闆很年輕，就讚美老闆：「您如此年輕就當上了老闆，真是了不起！」老闆聽完他的讚美，嘴角露出了一絲微笑，請他坐下，還為他倒了一杯茶。「謝謝！謝謝！」原一平看到讚美的話讓老闆很高興，就想找話再讚美一下。「能請教一下，你是多少歲開始創業的呢？」原一平好奇地問道。「十六歲。」「十六歲！天哪，要知道很多孩子在這個年紀還只想著怎樣蹺課出去玩耍呢？而您已經開始闖蕩自己的事業了。那您又是在什麼時候開始當老闆的呢？」「兩年前。」「哇，真是太不可思議了，沒想到您這麼有才華，才兩年就功成名就了，那你怎麼這麼早就出來工作呢？」「因為父母早逝，家裏就只有我和妹妹，為了能讓妹妹上大學，我就出來工作了。」「你真了不起呀！你妹妹能上大學也很了不起呀！」……

就這樣一問一讚，到了最後，那位老闆顯得很不耐煩。很快，這位老闆就藉口要開會，讓原一平離開了，並說產品的事以後再談。本來老闆的心情很好，也願意買進一些原一平的產品，但是原一平沒完沒了的讚美讓老闆變得不厭其煩，最終使他失去了這個機會。

讚美要適度，才能收到良好的效果。讚美猶如煲湯，掌握好火候是關鍵要素。過度的、沒完沒了的讚美，除了讓對方感到你的虛情假意之外，還會有拍馬屁之嫌，結果只能令人厭煩。

讚美是一門藝術，高深奧妙。許多人認為讚美就是一頓亂誇，見什麼說什麼好，於是讚美時就洋洋灑灑、信馬由韁地誇獎一通，這個時候，被讚美者也難免會有像是在聽人背書的感覺，那些讚美的話聽起來怎麼都是不疼不癢的，甚至還有些像是諷刺。「讚美」的實質是能抓住所讚美事物的實質。作為一個會說話的人，最忌諱的就是讚美失當、沒有適度，結果只會是適得其反。因此，讚美別人時也應把握好尺度。

讚美就像是一件珍貴的寶物，如果我們常常見到它，把玩它，久而久之就會失去寶物原有的魅力，所以運用讚美的語言要把握好尺度，千萬不要過猶不及。古人有語：「美酒飲到微醉後，好花看到半開時。」這句話本意指飲酒、賞花都需要把握好一個尺度，合乎時宜，適可而止。其實讚美也是如此，讚美也需要相機行事、適可而止。當別人打算開始做一件事時，你及時的讚美能使他下定決心、躊躇滿志，中間歷經磨難時，你的讚美能使他精神倍增、再接再厲。事成之後，你的讚美能使他有功成名就的滿足感。

人的財富有多少之分，年齡有長幼之別，身材有高矮胖瘦，各有區別。所以讚美應該審時度勢，因人而異。突出特點的讚美比泛泛的讚美能收到更好的效果。老年人總希望別人記住他當年的雄風與業績，年輕人總喜歡別人讚美他的創新精神和氣魄，孩子們最希望得到肯定，所以和老人交談時，你可適時提一下他當年的業績，對年輕人你可以誇一下他的開拓精神，對孩子你可以說他的考試成績比上一次提高了好多。其他人也一樣，經商的人你可以稱讚他頭腦靈活，知識份子你可以說他淡泊明志……切身得體的讚美，任何人都樂於接受。

雖然很多人都喜歡別人的讚美，但是並非任何讚美都能使對方高興。你若無根無據、虛情假意地讚美別人，他不僅會感到莫名其妙，更會覺得你油腔滑調、虛偽詭詐。只有那些基於事實、發自肺腑的讚美，才能贏得對方的好感，如果你對一位身材豐滿的女士說：「你的身材好極了，是我所見過最完美的！」她也許根本就笑不出來，肯定以為你在諷刺她，就算她當時不說，她在心裏也會以為你道德低下，善於阿諛奉承。如果你從其他方面著眼，發現她的優點並真誠地讚美，她一定會高興地接受，因為真誠的讚美不會使對方產生排斥感，一個人無法排斥真實的自己，更何況是她的優點呢，你把她的這些優點用優美動聽的話說出來，她內心的愉悅和滿足肯定不言而喻。

才華蓋世、功績顯赫的人在日常生活中並不多見，大多數人都是普普通通、業績平凡的民眾。因此，在日常生活中如果想讓你的讚美翔實得體，就需要你深入細緻地去觀察、去發現，與人交往中，有時一件具體的小事就能發現別人的長處和亮點，只要你細心觀察，一定能發現很多，路邊那神情嚴肅的修鞋師父工作起來是多麼認真啊，樓下的張大爺別看平時沒半點精神，但是打起太極拳真有架勢……讚美翔實具體，說明你瞭解對方，你對他的成績很看重，這樣對方就能感受到你的真摯、可信，你們之間的距離也會越來越小。針對一個人，如果你老是用一些含糊、不著邊際的詞語去讚美他，例如「你做得很好，大家都很滿意」或者「我對你很佩服，真的」等，這些話，你自己都感覺空泛無物，他怎樣才能從你的話裏感受到真誠和尊敬呢？他又怎麼能安然接受呢？

很多功成名就的人不缺少讚美，也不需要讚美，那些被埋沒、被侮辱或身處逆境的人才需要讚美，他們平時不是別人注目的焦點，也難得聽到讚美的聲音，一旦被人當眾真誠地讚美，便會為之一振，說不定還能精神抖擻、大展宏圖。「雪中送炭」要遠遠勝過「錦上添花」。俗話說：「患難見真情。」對那些現在不得志、沒有耀眼容貌或者萬貫身家的平常人，聰明的你，請千萬別忘記使用你的讚美。

讚美是形式多樣的，並沒有固定的方式，有時一個熱烈的擁抱、一個誇獎的手勢、一個友好的微笑，都能達到讚美的效果。這樣的例子很多，一個善於讚揚子女的母親，可以創造出一個完滿快樂的家庭；一個樂於讚揚學生的老師，可以使一個班集體團結友愛積極向上；一個經常讚揚員工的主管，可以把他的部門領導成一個和諧向上的團體。讚美無論在家庭、婚姻和工作中都具有巨大的能量，它能給人無與倫比的幸福和自豪感。

8 幽默是人際關係的潤滑劑

蘇格拉底是古希臘偉大的哲學家，而他的妻子脾氣非常暴躁，總是無緣無故地發脾氣，而且不分場合、時間地給蘇格拉底一些難堪。

一天，幾個學生到蘇格拉底家，來向他請教一些問題。剛開始時，他們都在客廳裏討論，後來，不知怎麼回事，他的妻子因一件小事不快，就數落起蘇格拉底來，蘇格拉底當時覺得很沒有面子，覺得妻子無理取鬧。一時很生氣的他就帶著學生離開家，想尋一個清靜的地方。

誰知，他剛跨出家門，妻子就從樓上潑下一桶水，把他從頭到腳澆了個濕透。蘇格拉底再怎麼說也是一位名人，且在學生的面前丟臉，真是無比難堪。他的學生都以為蘇格拉底一定會大發脾氣，然而，蘇格拉底不但沒有發火，反而笑了笑說：「我就知道，打過雷之後一定會下一場傾盆雨。」大家聽了哈哈大笑，一場難堪巧妙地化解了。他的妻子也被逗笑了，一場不愉快就這樣煙消雲散了。

面對給自己難堪的妻子，蘇格拉底用自己的幽默化解了一場不愉快，並且使自己在學生面前保住了面子。由此可見，幽默在人們的日常生活中起著非常巨大的作用。幽默可以說是人際關係中的潤滑劑，它能夠巧妙地使你化解尷尬、拉近與他人的距離、消除矛盾。

一位律師家旁邊住著一個人，他非常喜歡聽音樂，而且還喜歡把音響的音量放到最大。剛開始，律師還能忍耐，因為他也愛聽音樂，權當是請了個方便。時間久了，這位律師再也受不了了，因為這種音響已經變成了影響休息的噪音。一氣之下，他便拿著一把斧子跑到這位鄰居家。鄰居嚇了一跳，趕忙關掉了音響，並小心翼翼地說：「您這是要……幹什麼啊？」律師鎮靜地說：「讓我來修理一下你的音響。」這位鄰居嚇了一跳，原來虛驚一場，也認識到了自己對他人的不良影響，急忙向他表示歉意。律師說：「該抱歉的是我，你千萬別到法庭去告我，瞧我把兇器都帶來了。」說完兩人像朋友一樣開心地笑了。

這位律師是想真的把鄰居家的音響砸壞嗎？作為律師，他肯定也知道砸壞東西的後果，他只是用斧頭嚇唬了一下那個製造噪音的人，恰當地表達了自己的不滿。但他以幽默的方式消除了雙方之間存在的矛盾，並且使自己獲得了安靜。

作家普里茲文也說：「生活中沒有哲學還可以應付過去，但是沒有幽默則只有愚蠢的人才能生存。」幽默是人們精神生活中不可缺少的重要元素。幽默可以使人有一個愉快的心情，可以活躍溝通的氛圍，使人們溝通得更加順暢。如果生活中沒有幽默，那麼就沒有良好的溝通，如果沒有和諧的溝通，那麼這個社會將很難想像，到處充滿爭吵，矛盾將不可調節。

幽默是一劑化解尷尬的靈丹妙藥。如果雙方在談話過程中突然陷入了某種尷尬的境地，大家都試圖改變這種局面，但又不知如何是好。這時，倘若你能展現一下自己的幽默，用幾句幽默的話語使大家擺脫尷尬的情境，使這次談話順利進行下去，那麼，對方就會覺得你是一個很有能力的人，十分樂意與你繼續交流，你們將有一次愉快的對話。

幽默的言語能夠拉近你與他人之間的距離，因為你的幽默只會給他們帶來快樂，卻不會給他們造成壓力。所以，只要你善於運用自己的幽默，別人就會喜歡與你交流，你會擁有更多的好朋友。

美國總統雷根上臺後，打算讓國會議員斯托克曼擔任管理與預算局局長。但是，斯托克曼曾多次在公開辯論中抨擊雷根的經濟政策。你知道雷根是怎樣打破僵局，讓他接受這一職位的呢？

他首先給斯托克曼打了個電話：「大衛，自從你在那幾次辯論中抨擊我以後，我一直在設法找你算賬，現在這個辦法找到了，我要派你去管理與預算局工作。」斯托克曼聽完後，無奈地笑了笑，最後還是欣然地接受了這一任命。

一個幽默的電話，不但打破了僵局，而且達到了化干戈為玉帛的功效，這就是幽默的魅力所在！

善於表達幽默的人更容易被人喜歡；懂得幽默的人才能更容易地與他人保持和睦。幽默可以化解尷尬，使雙方進行愉快的交流；幽默可以拉近你與他人的距離，使彼此變得親近；幽默可以淡化矛盾，消除彼此間的誤會，使大家和睦相處。所以，幽默是人際交往中不可缺少的潤滑劑，它可以使人們之間的交往更加順利和融洽。

9 幽默的技巧

富有幽默感的人往往受到人們的喜愛。因為它能使緊張的氣氛變得輕鬆；使尷尬的場面變得愉悅；使尋常的生活變得有趣；使那些不苟言笑的人偶爾哈哈大笑；使那些心情低落的人重新獲得快樂，忘卻自己的煩惱；使處於快樂中的人變得更加快樂。因此，很多人都喜歡和幽默的人聊天，聽他們說話。更有一部分人，他們也很喜歡幽默，想讓自己也變得幽默起來，但他們說出的那些自認為很幽默的話語，卻沒有給別人帶來快樂，有時甚至引起對方的反感。這是為什麼呢？原因主要在於他們沒有掌握住幽默的技巧。

做任何事情都需要掌握一定的技巧，想要變得幽默就需要掌握幽默的技巧。學會幽默需要掌握以下幾點技巧：

1. 概念互換

雖然是相同的文字，但是實際意義卻是大不相同。因此，你可以將概念進行錯位交換，從而達到幽默的效果。

周恩來在記者招待會上回答一位記者「中國有多少個廁所」的難題，別人認為他很難回答出來，但他卻從容地說道：「一共有兩個，男廁所和女廁所。」他的回答獲得了熱烈的掌聲。

周恩來通過互換概念，巧妙地回答了記者的問題，免除了有些記者蓄意地製造難堪。

2.善於曲解他人的話語

所謂曲解，就是從其他的角度對他人的言語進行解釋，在對話中故意地歪曲自己對本義的理解，將兩個看似毫不沾邊的東西通過某種方式巧妙地聯繫起來，造成一種實際上不和諧、不合情理，但表面上卻具有一定邏輯性的出人意料的效果，從而產生幽默感。

王軍的妻子有著一頭烏黑靚麗的長髮，但是妻子卻不愛洗頭，她整天都說自己太忙了，十天洗一次就行。有一次，王軍需要帶著妻子參加同學聚會，他讓妻子好好打扮打扮再去，妻子說：「不用了，我這頭美麗的秀髮一定會讓他們羨慕的！」王軍笑了笑說：「還真是『鏽髮』，都十天了還沒洗，別人見了一定會敬佩你的存儲能力，能把頭髮變得這麼地『鏽』，真是讓人驚歎！」妻子聽了覺得不好意思，趕緊去洗頭了。

3.巧妙解釋

你可能有時在不經意間會說錯話，因而引起對方的誤會或是雙方的尷尬，此時就需要你用巧妙的解釋打消別人對你的誤會或是化解雙方的尷尬。你要用其他合適的言語對你的話進行解釋，並且把這種解釋聯繫到你們的對話之中，還要符合對方的心理。

孩子愁眉苦臉地對媽媽說：「媽媽，我能不能直接變成爺爺奶奶那種年紀？」媽媽吃驚地問道：「寶貝，你怎麼會這樣想呢？」孩子眨了眨眼睛說：「如果我像爺爺奶奶那麼老，可以退休了，想幹什麼就幹什麼，現在不用上學，將來再長大些也不用上班，每天都可以在家休息，吃好吃的，多好呀！」媽媽笑著對她說：「我可不想讓我的女兒變成我的長輩。」

這位母親的巧妙解釋不僅表達了她的意思，更表達了她對孩子的關愛，而且也暗暗地告訴孩子要做好晚輩應該做的事情，不能有那些不切實際的想法。在與別人交談時，故意不把自己要表述的觀點進行直接表述，而是隱蔽地蘊涵在另一個似乎無關的觀點中，這樣就能使對方思考你的話語，領悟你所要真正表達的意思，進而在幽默之中達到順利交流的效果。

4. 自嘲

在一次慶功會上，將軍為了感謝士兵們的功勞，舉杯一一與士兵敬酒。在與一個士兵碰杯的時候，那士兵由於緊張，舉杯時用力過猛，竟把一杯酒都潑到了將軍的頭上。士兵當時就嚇壞了，他愣愣地站在原地，像是等待宣判似的。可將軍卻用手擦了擦頭頂的酒笑著說：「年輕人，你以為用酒能治好我的禿頂啊，我可沒聽說過這個藥方呀！」說得大家哈哈大笑，那位局促的士兵也釋然地笑起來。晚會的氣氛一直都很好。

在公共場合，如果別人說錯話或者不經意冒犯了你，這時難免會出現尷尬的場面，這時你就應該學會自嘲，化解尷尬的局面。

溝通是一門藝術，而很多人在使用的時候卻總是不得要領。因此，要想在生活中學會幽默，就需要經常和幽默的人打交道，掌握幽默的技巧才能掌握這門藝術。

5. 以其人之道還治其人之身

所謂以其人之道還治其人之身，就是按照對方的話語邏輯來反駁對方，進而讓對方處於不利的境地，讓他自己承認他的觀點是錯誤的。

老王的妻子很愛乾淨，每天都要擦桌子、掃地、拖地，把屋子打掃得乾乾淨淨。朋友們都稱讚老王娶了個愛乾淨又愛勞動的好老婆。老王卻不以為然，說道：「她天天拖地，浪費那麼多水，我們家的水費比誰家的都高。我覺得一週打掃一次衛生就行了。」朋友說道：「你每天吃飯浪費那麼多糧食，得花多少錢呀！我看你也用不著天天吃飯，兩天吃一頓豈不更省錢？」話語剛落，大家都哈哈大笑起來。

除此之外，幽默的技巧還有很多，但是，只要你掌握了上述的這幾點技巧，你就能在實際的應用中舉一反三，觸類旁通，從而擁有自己獨特的幽默。試著學會一些幽默技巧吧，不僅能給別人帶來快樂，你自己也能從中得到快樂。

10 掌握談判中的語言技巧

生活中，處處都可見談判。大到公司之間的生意合作，需要談判；小到上街買菜，討價還價，需要談判。可以說，談判無處不在。無論事情的大小都可以拿來談判，一切交際都可以圍繞著「談」來做文章。這就需要懂得談判的技巧，否則，可能會讓自身的利益受到損失。

許多人覺得談判只是那些高層們的事，與普通人沒有什麼關係，其實不然。學會使用談判中的語言，是處理人際關係時必然用到的技能，它在每個人的生活中都起著舉足輕重的作用。無論是經商還是簡單的應聘，是否會靈活運用談判中的語言，都關係到你的成敗。

所以說，良好的語言技巧是所有談判人員必須具備的基本素質。在談判時，無論各方力量如何懸殊，實力強弱如何不均衡，其關係都是平等的，各方都必須相互尊重，那如何讓對方心甘情願地與你達成協定呢？這時談判的技巧就顯得尤為重要。

汽車製造廠（甲方）進口了一套價值三百萬元的生產設備，但由於種種原因一直沒能夠用上，於是在擱置了半年後就準備轉賣給另一汽車廠（乙方）。

在他們正式談判前，甲方通過種種管道瞭解到：乙方雖然經濟實力雄厚，但是基本上都投入了再生產，所以要馬上拿出三百萬元添置新的生產設備，似乎是不可能的事；不過慶幸的是，他們瞭解到乙方的廠長心高氣傲、狂妄自大，在任何情況下都不甘示弱。

等到正式談判的那天，甲方的廠長就先恭維地對乙方的廠長說：「早聽說你年輕有為，才華橫溢，氣度不凡，果然名不虛傳啊，再說你的管理水準也確實令人佩服！」

乙方廠長聽到此話，掩飾著內心的得意，故作深沉地說：「慚愧慚愧，以後還要向你這個大廠長好好學習啊！」

甲方廠長說：「我向來不從心裏佩服別人，今天你是第一個。貴廠確實管理得不錯！」

乙方廠長說：「那你對我們廠整體的印象如何？不是說有套設備要賣給我廠嗎？」

甲方廠長見時機成熟，就說：「雖然貴廠管理可以，但我懷疑貴廠暫時還沒有經濟實力購買這麼貴的設備。」

乙方廠長頓時覺得受了極大的輕視，心情一落千丈，於是爭強好勝的他為了賭氣，更為證明本廠有能力購進那套價值三百萬元的設備，立即和甲方廠長簽訂了合約。

甲方就這麼輕易地把設備轉賣給了乙方，原因是什麼？就是因為甲方廠長知道談判的技巧，深諳談判時對方的心理，才使得原本無望的談判得以成功。所以不尋常的談判，都會避開對方正常的心理期待，從對方認為不可能的地方進行突擊，這樣就會讓對方的思維判斷脫離預定軌道，給對方措手不及的感覺，讓談判呈現柳暗花明的奇蹟。

此外，幽默的語言有時也能使尷尬的談判局面變得輕鬆和諧。在談判時，若一方能夠靈活地運用幽默的語言，那不僅可以緩和緊張的氣氛，增加辯論的力度，還可以展現出運用者的素質、信心與風度，在氣勢上做到先聲奪人。

「二戰」期間，因為盟軍有些問題一直都沒有解決，於是邱吉爾就飛到白宮與羅斯福進行會談。

有一天，當邱吉爾在自己的客房沐浴時，羅斯福推門而入，這種場景自然讓雙方都覺得十分的尷尬，這時邱吉爾笑著對羅斯福說：「我在你面前是毫無隱瞞了。」簡單幽默的一句話，不僅為自己解了圍，還暗示了邱吉爾自己的談判態度。

若想在這個社會上受到青睞，就必須要懂得談判技巧的重要性。談判猶如對弈，在方寸上廝殺，如何才能立於不敗之地呢？如何讓自己在談判中表現得更好？如何才能擁有口若懸河、滔滔不絕、侃侃而談的口才呢？

這就要掌握談判的技巧，技巧雖然有許多，諸如以理服人、先聲奪人、模糊應對、故意拖延、欲擒故縱等，但它只是一種能力，而不是一種本能，所以它需要你後天努力地去培養，努力地去經營。

相信自己，從今天起只要你努力掌握，並嘗試著靈活地把語言的技巧運用到日常交際中，那麼遲早有一天，你必定會成為一個談判中的高手。

11 如何才能聊得投機

聊天是一種最常見的交流方式。每個人的歡樂、憂愁、思想和感情，都需要在與他人的交流、接觸中得到分享或分擔。有人曾說過：「你有憂愁，我為你分擔憂愁，這憂愁就減少了一半；我有歡樂，你分享我的歡樂，這歡樂就變成雙倍的歡樂。」相互熟悉或不熟悉、認識或不認識的人湊在一起，不定主題，隨便閒談，這種閒談，就是聊天。但要如何才能聊得投機？相信這是一個困擾著許多人的問題。

關於聊天，固然沒有過多法律、道德等方面的約束，但是聊天時也應注意以下幾點：

首先，要照顧在場諸人的情緒。聊天本身就是大家即興而發，幾個人覺得在一起談話是一種樂趣，才聚在一起閒談，如果感覺到不開心，又何必聚在一起？聊得開心就要求聊天者要照顧在場諸人的感情和情緒。要做到這一點，需要聊天者善於「察言觀色」，洞悉在場人的心理、生理、性格、愛好等情況，不要口無遮攔、信口開河，以免不小心觸著別人的忌諱，惹起不必要的爭端，更不要拿人取樂開心，否則會使你顯得淺薄無知，甚至成為眾矢之的。

其次，要善於尋找話題。聊天隨機性較大，並無事先擬定的話題。它涉及的範圍包羅萬象。但是，如果大家圍坐一起，沒有合適的話題也容易使人興趣索然。此時，只有適時提出合適的話題，便可打破僵局、活躍氣氛。其實話題可以多種多樣，同事之間可以聊聊工作情況，同學之間可以追述當年的書生意氣，朋友之間可以談談各自的新生活，就算是不熟悉的人也可以介紹一下家鄉的風土人情。身邊的話題，例如天氣、時尚、音樂電影等，都可以用來率性發揮。但是，請切記「閒談莫論他人非」，此外，有關國家或公司的機密、低級庸俗的話題等，都應該以不講為妙。

最後，要寓莊於諧，雅俗共賞。

聊天不是講課，不需要字正腔圓、一本正經，音色不需過於美化、情感不需要過於飽滿，只要輕鬆、詼諧、幽默就足夠了。輕鬆使人減少壓力，幽默更能使聊天充滿笑聲和生氣。在大學宿舍中，臥談會，即晚自習後躺在床上的聊天，這種方式靈活生動、真實自在，為大學生們所鍾愛。

下面我們摘選一則例子：

甲：唉，今天我去餐廳吃飯點了兩個小炒，上來第一個是醋溜白菜，那白菜差點把我噎死，我就問自己：「世界上還有比這更難吃的菜嗎？」結果等第二盤青椒肉絲上來後，我只吃了一口就發現，原來真的有啊！

乙：是啊，我上高中時，餐廳的菜也是很糟糕的，後來都反映到校長那裏去了，於是校長就專門召開學生代表會討論伙食問題，後來校長告訴我們：「同學們，你們可以有更多一步的選擇，」我們都很高興地問道：「難道是要改善了嗎？」校長說：「不是，你們可以選擇吃，或者不吃。」

丙：哎，你們還都是好的呢。我前天去外面小飯館吃飯，一不小心就在菜裏吃到一條「高蛋白」，我當時那叫一個氣憤啊，我用筷子夾著那條蟲子就去找大師傅理論，那個大師傅看見那條蟲子臉都白了，沖著廚房直喊：「趕快給他換雙筷子！」……

幾個人躺在床上，東拉西扯，而且一旦挑起話題，就能說到半夜，這就是聊得投機。也許你會說，都是自己認識的人，說起話來很隨意，也不必顧忌那麼多，要不然肯定聊不了那麼久。這話也有一定道理，但是卻不是真理。

有些人和朋友家人在一起聊天時，總是口若懸河、滔滔不絕。但是一到公眾場合，就變得頭腦空白，拙於言辭。究其原因，聊天和在眾人面前發表正式的談話有許多不同之處，各有其自身的特點。

國內外大量專家學者都曾就聊天和正式場合的異同做過比較研究，現在比較分析一下兩者的不同之處，也許對那些在公眾場合交流起來有語言障礙的人會有一定的幫助。

閒聊的主要特徵有：內容自由散漫，沒有時間約束，條理性、邏輯性、連貫性都沒有嚴格的要求，能理解彼此的暗語和動作符號，對不文雅的話和詞語都持理解態度，事後不會追究談話內容。例如，兩個多年未見的朋友一見面就親熱地喊對方的外號「耗子」、「豆子」，然後一起開心地哈哈大笑。兩個工友在一起閒聊，一個伸出大拇指說：「今天他又發飆了，急著要趕工期，今天下午可能就要開會說這事。」這裏他只伸出一個大拇指，而另一個人就心知肚明了，知道他所指的是老闆。兩個昔日同窗在一起聊天，一個人說：「也不知道『四眼』現在在哪兒高就呢？」另一個說：「你關心『四眼』啊，我倒是想知道『瑪麗蓮』去哪兒了。」在這裏，他們的兩個同學雖然沒有出現名字，但是人已經出場了。這就是日常生活中的閒聊，無拘無束、輕鬆自在，可以讓你毫無顧慮地釋放過多的壓力。

正式場合談話具有以下大致特徵：有明確的目的，談話需要依照某些規定進行，談話有時間、用詞、簡潔性等方面的限制，談話還要經得起反問和推敲，有時候還會以文字等其他方式被保留。例如，歐巴馬就職演講是在萬人矚目下、全球現場直播；國家領導人與外國元首的會談，更是在媒體的運作下大肆傳播。

正因談話對象的身分特殊，有時候還要面對眾多的觀眾，因此，正式場合的談話就算事前做了充足的準備，也難免會有人產生惶恐、緊張心理，因此，邏輯混亂、言談失當的情況也在所難免。像法國現任總統薩科奇，就常因談話失誤遭到國內反對派和其他國家民眾的指責。因此，正式場合的談話往往會給談話人帶來很大的壓力。

而日常生活中的閒聊，沒有過多的條件約束，很少有人會覺得緊張或壓抑，聊得投機、聊得高興也是順理成章。當然，聊得投機，好的口才也是必需的，而好的口才是要「不假思索」。生活像一個魔術方塊，你永遠不知道下一步面臨什麼樣的挑戰。同樣，你也不可能知道下一分鐘將要發生什麼、說些什麼。也許，你會碰見昔日的戀人，也許你會一不小心落入老闆的責問，也許你的同事會忽然向你發起詰難，也許一個失去聯繫已久的朋友突然間站在你的面前……這時候，你必須迅速調動自己的嘴巴，給自己找到最好的突破口，展現你的語言魅力。

CHAPTER 7

跟身邊的人這樣說話

With the people around him say something like that

1 說話要因人而異

俗話說：「見人說人話，見鬼說鬼話。」見什麼人說什麼話，不僅是一種說話的技巧，也是待人接物、為人處世的一個原則。就像演講時如果不分聽眾，即使你講得再精彩，說得再生動，聽眾如果聽不懂，那麼也收不到應有的效果。

說話是一門藝術，有時說不好話不僅會影響自己，還會傷害到他人，所以說話要分清對象。

有一個技藝高強、頭腦靈活的理髮師收了一個徒弟。幾個月後徒弟學有所成，理髮師就讓徒弟親自給顧客理髮。當徒弟給第一位顧客理完髮後，顧客照鏡子說：「頭髮留得太長。」徒弟聽後茫然不知所措。

師傅見狀，立即笑著解釋道：「頭髮長使你顯得更有涵養，會讓人覺得你高深莫測。」顧客聽此言，心滿意足地離開了。

第二位顧客走進店鋪說頭髮理短點，吸取第一次的經驗教訓，徒弟就給第二位顧客理得很短，不料第二位顧客照完鏡子後說：「頭髮剪得太短。」徒弟又不知該怎麼辦了，於是就傻傻地站在那裏。

師傅這次又上前笑著解釋：「頭髮短使您顯得乾淨俐落，讓人感到勤快、清爽、親切。」

顧客聽後，滿心歡喜地走了。

徒弟又接著給第三位顧客理髮，這次給顧客留得不長不短。徒弟想：「這次顧客該沒什麼好抱怨的了吧？」不料正當他如此想著時，顧客卻說：「花時間太長。」徒弟頓時無語，無奈地笑笑。

師傅見徒弟尷尬的模樣，笑著解釋說：「多花點時間在『頭腦』上很有必要，現在您看起來年輕了幾歲。」顧客聽罷，大笑而去。

徒弟又給第四位顧客理髮，他這次給顧客留得不長不短且時間很快，他想：「這次顧客還會說什麼呢？」正當他捉摸時，顧客開口說：「動作挺利落，十五分鐘就理完了。」徒弟有點茫然不知所措，沉默不語。

師傅笑著說：「如今時間就是金錢，憑著顧客至上的原則，我們想如果能為您贏得時間和金錢的話，那麼何樂而不為呢？」顧客聽後有些感動，於是也笑著離開了。

晚上睡覺前，徒弟禁不住好奇地問師傅：「師父，難道我真的不適合做理髮師嗎？為什麼我總不能令顧客滿意呢？」

師傅聽了，寬厚地笑道：「對我們來說，儘管理髮的技術很重要，但是令顧客的心裏滿意更重要。所以你今後要學會見什麼人說什麼話，與人交談時，要能夠遊刃有餘地把握說話的技巧，你是個聰明的孩子，相信你能夠把話說得漂亮的。」

徒弟聽了師傅的話，感動得流下了眼淚，從此，他不僅刻苦學藝，還主動地學習說話的藝術，後來他變得越來越自信，最終成為了一名遠近聞名的理髮師。

說話懂得變通，善於迎合對方的想法，才能營造愉快的氣氛，讓人願意與你交談。說話講究藝術，說話要因人而異，才能更好地用自己的話語去感染他人；才能更好地用自己的心去彈撥他人的心弦；才能使聽者聞其言、知其聲、見其心。

從前，朱元璋的一個朋友聽說他做了皇帝後就去找他：「我主萬歲！當年微臣隨駕掃蕩蘆州府，打破罐州城，湯元帥在逃，拿住豆將軍，紅孩兒當關，多虧菜將軍。」朱元璋聽了這些話後心裏特別高興，於是就立刻封他做了大官。

後來他的另一個朋友聽說了此事，也迫不及待地去見朱元璋，他希望朱元璋也能給自己個一官半職。可惜的是他不但沒有實現自己的美夢，還為此斷送了性命，這是怎麼回事呢？原來當他見到朱元璋後，就不假思索地說：「我主萬歲！不知您還記得嗎？從前，我倆替地主家看牛。有一天，在蘆花蕩裏我們把偷來的豆子放在瓦罐裏煮著。我們當時太餓了，結果還沒等煮熟，大家就搶著吃，結果把罐子都打破了，豆子撒了一地，湯也潑在了泥地裏。當時你只顧從地下滿把地抓豆子吃，不小心把紅草葉子吃了，不料葉子哽在喉嚨口，苦得你哭笑不得。最後還是我出主意，叫你用青菜葉子放在手上一把吞下去……」他說得有聲有色，朱元璋卻覺得顏面大失，於是還沒等他講完，朱元璋就十分氣憤地說：「推出去斬了！推出去斬了！」

同一件事，不同的說法方式得到的結果迥然不同，究其原因，就是第二個人不能夠靈活運用說話的藝術，不能見人說人話，見鬼說鬼話。

和聰明人說話，須見聞廣博、知識淵博；與窮人說話，要動之以利；與見聞廣博的人說話，我們須憑辨析能力；與富有的人說話，言辭要豪爽……能夠做到真正的見人說人話，見鬼說鬼話，那才是說話的至高境界。

人們在社交生活的實踐中，要想征服一個人，甚至征服很多人，有很多時候用的往往不是什麼強韌的兵器，而是舌尖。

2 恭維上司要高明

五代十國是中國歷史上最為混亂的一個時期。短短五十多年間，就更換了五個朝代，十多個皇帝依次登臺，分屬於多個不同的姓氏。皇帝們更換得如此頻繁，大臣們也習以為常，抱著一份打工的心態來面對他們。這個皇帝倒臺了，大不了換一身朝服迎接下一個就是。而這其中的代表人物就是「長樂老」馮道。

馮道的一生經歷了後唐、後晉、後漢、後周四個朝代，在每一朝都能做到宰相之類的高官，最後得享天年。在五代亂世之中，能做到這樣的地步實在是不簡單。

馮道剛開始時是後唐的宰相。後來，石敬瑭勾結契丹滅了後唐，為穩定政局，又讓馮道當宰相。契丹也很看重馮道，當初就想把他弄到契丹去，但沒有成功，於是就指名讓馮道出使契丹，打算把他扣留在那裏。那時出使契丹險阻重重，石敬瑭也不願讓馮道去。但馮道卻說：「臣受陛下的恩，有何不可！」他堅持要去，石敬瑭無奈，只得為他送行。馮道在契丹受到了契丹皇帝熱情隆重的接待，但是在他的內心，還是渴望早日回到中原，只是一直沒有表露出來。

有一次，契丹可汗表露出來想把他留下來的意思，馮道就借機奉承。此時石敬瑭稱契丹為父，他就說：「南朝是兒子，北朝為父親。不論在哪一朝為臣，不是都沒有區別嗎？」說得契丹可汗大為高興。馮道表面上還做出要留在契丹的意思，契丹可汗也被他的表面現象所迷惑。但是，契丹可汗最後還是決定放他回家養老。

不過，馮道對於石敬瑭也看不上，可是石敬瑭不准他退休，沒辦法，馮道只好再次出來任職。石敬瑭死後，不喜歡馮道的石重貴繼位，就把他打發到了地方。

後來石重貴和契丹開戰，杜重威投降，致使後晉滅亡。契丹軍進入中原，大肆劫掠，居民惶惶不可終日。這時，馮道前去見契丹可汗，卻遭到斥責，契丹可汗問他：「你為何來見我？」馮道答道：「無兵無城，怎敢不來。」契丹可汗又刁難於他：「爾是何等老子？」馮道說：「無才無德，癡頑老子。」契丹可汗也不禁笑了，免了他的罪，授予他太傅的榮譽職銜，又問他如何治理中原：「天下百姓，如何救得？」馮道就順著他說：「現在的百姓即使佛祖來也救不得，只有皇帝的仁心能救得。」這一招果然有效，後來契丹軍隊在中原的殺戮就有所收斂。最後，還退出了中原。

關於馮道的行為，後世存著很大的爭議，有的人認為他侍奉了五個朝代，十個皇帝，不是忠臣之節。但是，也有人認為在那樣的亂世，為了能保住性命，馮道採取這樣的態度也是不得已的，更有許多人認為他圓滑中不失正派，奉他為虎狼叢中獨善其身的隱者。據記載，當時就是因為馮道對契丹皇帝的一席軟中帶硬的奉承，才保住了中原百姓免遭更大的燒殺搶掠。所以，在必要的時候，該恭維時一定要恭維，而且還要恭維得高明。

說好話，需要技術；恭維人，講究時機。恭維人要想恭維得高明、有成效，時機至關重要。看清時機下手，才能恰到好處。

恭維人歷來都被人們認為是諂媚的行為，而且從古至今都是正人君子們鄙夷的行為。雖然恭維人聽上去不那麼體面，實際上卻是建立職場溝通管道的有效方式之一。其實，恭維人就是說讚美的話，說別人愛聽的話，而每個人無不喜歡別人的讚美。所以，無論是上司、平級同事還是下屬，試著去讚美對方，你的職場人際關係或許就此會變得很輕鬆。

據說，「溜鬚拍馬」是最經典的保留劇目。職場如秀場，恭維上司的情景劇天天上演。有人把恭維上司和哄女孩子開心看成同一個道理，的確，女孩子穿件新衣，總希望有人誇讚她好看；老闆定下的決策，當然也不想讓別人「橫挑鼻子，豎挑眼」。

其實，恭維在一定程度上是對上司的尊重，對上司的讚美，也是對上司某些行為的一種鼓勵。在職場上這也是一種能力，它起到的另外一種作用就是加快彼此之間關係的磨合。

恭維人也就是說奉承話，喜歡恭維人的人經常被認為是道德卑下、阿諛奉承之徒。其實，說奉承話的人並不一定就沒有能力，更多的時候，恭維人是人們在不得已的情況下採取的一種手段，通過它有時可以更快速地達到目的。

這在職場中尤為常見。

秦靈剛從大學畢業，在一家公司做事，初來乍到，部門主管就在私下裏「讚歎」：「這個小姑娘不是一盞省油的燈！」

秦靈工作業績平平，為何主管如此定位她呢？而且，在此後的一年裏，她頗受主管賞識，還曾作為先進代表，和分公司作了一次彙報交流。在這次外部交流之後的內部交流會上，主管讓秦靈作一個報告。概況、細節、分析、歸納……確實頭頭是道，但卻沒有什麼出色之處。正當大家為秦靈的報告失望之極，秦靈的結束語卻讓大家耳目一新：「在這次交流中，分公司的同事都羨慕我們有一流水準的設備。但是我卻說：「不，我們最大的資源優勢就是我們德高望重、才智過人的主管！」

恭維要想高明，需投其所好，掌握火候，切中要害，這其中有很多技巧。恭維一般情況下可以分為三個等級：初級、中級和高級三個層次。

初級恭維者：嘴上塗蜜的人。這種人的確生性如此，對誰都是笑面相迎，恭維之話一貫是脫口而出，但往往是人人避之唯恐不及。以前有一則關於恭維的故事。故事的主角逢人必說的第一句話就是「好啊好」。有一回，他碰到一個一隻眼的人，就說：「一隻眼好啊，一目了然哪。」這句看似奉承的話，對方聽來像是對自己生理缺陷的嘲諷，所以，這樣的恭維很有可能會弄巧成拙。

中級恭維者：在別人手下混事，當老闆的侍從。這類人就好像是舊社會的跟班，隨時要為自己的「主子」服務。他們不單要在行動上給老闆支援，語言上也時刻要保持恭維。

而恭維的最高境界，就是那些言語中不露蛛絲馬跡卻又能說到別人心裏的情況。這類人的言語也不刻意為之，態度也是不卑不亢，但是他們的所作所為卻在適當的時候正中別人下懷。

3 換位思考，維護上司的面子

與上司溝通，要使對方能感受到你對他的尊敬。由於每個人看事物的角度不一樣，就會產生不同處理問題的方法。因此和上司談話要先分析原因，懂得給對方面子，即使對方說錯了話，也要給對方臺階下，這就是換位思考。這不僅有利於工作的順利進行，還能在上司面前樹立良好的形象，得到上司的賞識。

古詩云：「人非聖賢，孰能無過？」任何人都會犯錯誤，上司也不例外，他們也有辦錯事、說錯話的時候。那麼身為一名員工，當上司說錯話的時候，該怎麼辦呢？

好員工往往都是懂得換位思考的人，當上司做錯事、說錯話的時候，他們善於站在上司的立場考慮問題，設身處地為上司著想，他們不僅能夠感受和體諒上司的苦衷，在必要時還會挺身而出，為上司排憂解難，極力挽回上司的面子。誠然，每個人都想成為一名好員工，都想受到上司的賞識與關注，可是能做到這些嗎？

王曉所在的部門經理升職了，同事都覺得新經理沒有原來的經理好，於是總喜歡背著經理議論紛紛，但是明智的王曉沒有參與。因為王曉清楚新的經理才是決定自己未來命運的人，儘管她和原來的經理關係很好。

一次，新的經理在開會時提出一個方案，不想立刻遭到了幾個同事的反對，他們都說原來經理的方案更合理。這讓新的經理感覺很是尷尬，一時竟不知說什麼好，他環顧周圍，似乎也沒有一個贊同的眼神，於是他就問一直沉默的王曉：「你認為呢？」王曉覺得很為難，因為不管是什麼樣的答案，都不可能兩全其美，即讓同事、經理都滿意。

於是王曉思索了一會兒，微笑著說：「其實，我覺得不管是原來經理的方案，還是新經理的方案，都是著眼於公司的發展，所不同的只是兩個人的出發點而已。」接著，她又針對公司的情況分析出了新措施的優點和缺陷。最後王曉還補充地說道：「作為一名公司的助理，我沒有及時向經理交代公司的情況，這是我的失職。」聽了王曉合理的分析，同事們最終對新的方案也漸漸地表示了認同，更重要的是新的經理覺得挽回了面子，欣慰地笑了。

王曉是明智的，她也必定會受到新經理的賞識。因為她知道說話要注意場合，知道維護老闆的尊嚴，顧及老闆的面子。

工作中要學會尊重上司，不能因為上司偶爾說錯了一句話，你就要與一幫人把他打倒或者拉下臺。如果你的上司講錯了話，你可以做出一副雖然聽見了，但仍覺一頭霧水，不明究竟的困頓；或者在適當的情況下給予他提醒，以便他及時作出糾正，這才是好員工聰明的選擇。

要知道凡是上司一定有過人之處，不可以輕視自己的上司，更不可在上司面前出風頭，尤其在公眾場合，說話要給足自己的上司面子，盡力維護上司的尊嚴。

中秋佳節，乾隆皇帝在御花園召集群臣賞月。他心血來潮提出要與紀曉嵐對對子，以增雅興。自恃文思敏捷的乾隆先出了上聯：「玉帝行兵，風刀雨劍雲旗雷鼓天為陣。」說完，躊躇滿志的他得意地注視著紀曉嵐，想知道他如何出對。

紀曉嵐不慌不忙，沉著應對：「龍王設宴，日燈月燭山肴海酒地作盤。」

紀曉嵐的下聯不但工整，氣魄也宏大，與乾隆所出的上聯相比有過之而無不及。

乾隆聽完下聯後，剎那間臉陰沉了下來。紀曉嵐當時心想：「伴君如伴虎，好勝的乾隆，怎能容得下自己所對的下聯呢？自己實在是不應該和他一比高下，搞不好還會惹來殺身之禍！」

於是紀曉嵐靈機一動道：「主人貴為天子，故風雨雷電任憑驅策、傲視天下；微臣乃酒囊飯袋，故視日月山海都在筵席之中，不過肚大貪吃而已。」

聽了紀曉嵐的這番話，乾隆才露出了得意的笑容，他對紀曉嵐說道：「愛卿飯量雖好，如非學富五車之人，實不能有此大肚。」

紀曉嵐適時適度地自嘲，這不愧是維護皇上尊嚴的最好方法。他的自嘲不但製造了寬鬆和諧的交談氛圍，還更有效地維護了乾隆的面子，讓其內心建立起了新的平衡。

因此，在職場中與上司相處，要具有靈活說話的能力，知道什麼該說什麼不該說，要尊重上司；要時時顧及老闆的面子，維護上司的權威，只有這樣，你的話語才能起到意想不到的效果。

4 跟同事不要過多地談論私事

在工作環境裏，同事關係複雜而微妙。同事之間在一起工作，朝夕相處，共同度過的時間甚至比朋友、家人還要多。有些員工時間一長就容易進入角色，慢慢地就把自己的同事當成了朋友，無話不說，也樂於與他們分享隱私，特別是對自己的工作或上司的不滿，殊不知，和同事過多地談論私事，是職場中的大忌。

職場只是一個工作的場合，一個可以贏利的場合。同事就好像合作夥伴，共同為企業謀取利益，然後領取自己應得的薪水。但是，請你不要忘了，有時為了一個職位或者一點報酬，你的合作夥伴下一個時刻就可能變成你的競爭對手。所以，在職場中千萬不要亂說話，尤其是隱私。

每個人都有自己的秘密。有時候，這些秘密就隱藏在你內心最為柔弱或堅韌的地方，你只能讓自己知道，不允許任何人偷窺或將它拉扯出來展示給大家看。職場中也是如此，老闆挪用了一筆資金，小張被她的男朋友甩了，劉主管的雙眼皮是花大價錢整過的……這些隱私，有時候兩個人在一起談論一番，感受一下其中味道是能拉近你和別人的距離，但是，你不能保證他什麼時候會和你翻臉，會拿你說過的話去邀功請賞，何況那些與你有利害關係、利益衝突的同事？職場是一個殘酷的地方，森林法則在這裏一樣時興，只不過很多時候不顯山不露水，但是一不小心，口不擇言的人就會被席捲進去。

王萌是個文靜能幹的女孩子，在公司擔任部門主管，但是，男朋友嫌她工作太忙兩人沒有時間共處，向她提出了分手。傷心之餘她把所有的痛苦都告訴了自己最信任的同事。這件事不知怎麼就傳到了老闆的耳朵裏，在公司一次大型會議上，老闆當著所有人的面說：「有的人連男朋友都擺不平，公司的事就算交給她，她有什麼能力來處理呢？而且，自己這麼小的一點私事都搞得天下皆知，我怎能放心將公司的秘密交給她呢？」沒過多久，王萌就被降了職。

王萌工作不能說不認真，但是就是因為把隱私告訴了同事，結果又不得不面臨工作中的失意。這就是辦公室的職場法則。因此，在辦公室裏說話，儘量只說公事，莫談私事。談起私事，別人若是沒興趣聽，自己會覺得掃興；別人若是有興趣，那情況可能會更糟。有些喜愛聽別人私事的人會抱著這樣的心理：我只是想瞭解別人的事，自己一定會守口如瓶。愛抖摟自己私事的人會這樣認為，我不開口議論別人的私事，自己說自己不就沒事了。其實不然，不要以為不去議論別人的私事自己就沒事了，說不定哪天就會有一股無名火燒到自己頭上！

知道何時閉上你的嘴巴，既是對別人的尊敬，也是對你自己最好的保護。不要不管別人愛不愛聽，別到處宣揚你的隱私，否則吃虧的只有你自己。同時也要十分地小心那些只聽不說的人，他們若不是寧靜致遠，就是城府太深，或許是因為害羞，或許他們隱藏了殺機。在理智地傾訴和冷靜地傾聽時，你要學會分辨同情和尊重。

此外，在辦公室散播同事的隱私更是不可取的，這比拿自己的隱私來折磨別人的耳朵更加不可原諒。因為這會不知不覺間把自己推入危險的境地，誰知道會有哪個別有用心的人轉臉就會告訴其他人，因此，在辦公室裏，最基本的生存法則是「勤動手，少動嘴」，無論做事或者說話都是一樣。

人人都很清楚，八卦一向是同事間聯絡感情的最佳方式。尤其是關於上司和老闆的話題是大家的最愛，在餐廳或者是茶水間，常見許多人擠在一起，竊竊私語，時不時還會爆發出一陣不懷好意的笑聲。但是，如果你想長期擁有一份工作，就需要時刻切記：無論你有多大的成就或委屈，都不要向同事傾訴。原因有以下幾點，首先，除非你自己的親人或你自己，很少有人會如你一樣對你的快樂或痛苦感同身受，電影《生旦淨末》中有一句話：幸福是不可以告訴別人的。看似沒有道理，其實很有道理，真正的幸福是內心裏天大的竊喜，是不能告訴別人的。幸福尚且如此，痛苦、牢騷和抱怨就更難有市場了。

其次，辦公室是一個成人世界，這裏流行的是成人世界的法則，每個人的秘密有朝一日都有可能成為別人的把柄，這對他將來的發展來說都是隱患。

跟同事在一起。私事可以少聽，最好不聽，更不要多講。「禍從口出」這句古訓，流傳至今，簡簡單單的四個字，道理卻不簡單，「言多必失」是對它的另一種解釋。

在一個辦公室裏，每天低頭不見抬頭見，搞好和同事之間的關係非常重要。關係融洽，心情愉快，工作效率也會提高，倘若關係緊張，勞神傷心，對工作也有影響。所以在辦公室裏，注意言行、管好自己的嘴巴至關重要。那些愛傳播小道消息、以八卦為副業的思想千萬要不得。

不單日常工作中，就是在工作之餘，與同事一起休閒、會餐時等，也要注意自我約束，儘量不談私事。每個人都有自己的秘密，都有屬於自己的心靈花園，沒有一個人願意在別人面前像個透明人，也沒有一個人願意別人在自己的後花園肆意妄為。所以，請你將自己的私事藏起來，給自己留下足夠的空間，將別人的私事視作碉堡雷區，千萬不要輕易涉足。

5 對下屬要及時地讚美

讚美是青年人獲得成功的秘密，有人對讚美做過這樣的評價：讚美就像風對於帆，就像雨露對於種子；讚美是人們成長過程中不可缺少的營養品。讚美是希望，是動力，是用自己的心靈之火去點燃別人的心靈之火。

讚揚是催人奮進的催化劑。心理學家馬斯洛認為，榮譽感和成就感是人的高層次的需要。一個人具有某些長處或取得了某些成就，他還需要得到社會的承認，同樣，一個員工在工作中取得了進步，哪怕一丁點，也希望得到上司的誇讚。有時候，上司一句誇讚的話，比得到幾千元的獎勵還要高興。當他的行為受到稱讚，就會受到鼓舞，發揮更大的積極性，繼續努力前進。

有些上司很容易產生官僚習氣，他們不願對自己的下屬說一句讚美的話；也有的上司認為讚美下屬會讓他們飄飄然，驕傲自滿。其實，他們意識不到，恰當的讚美不僅能使下屬產生成就感，更能堅定信心，還有助於激發下屬之間的良性競爭，營造和諧的工作氣氛。

這些上司往往端著架子，總認為自己就是權威，根本不會對下屬的優點和成績做出無私的、客觀的評價，甚至對下屬超越自己的現實不能坦然而欣慰地接受。殊不知，上司的讚美對下屬來說是真誠的鼓勵，是愜意的鞭策，它不僅可以讓自卑的下屬自信地面對工作，還可以成就下屬事業上的輝煌。所以作為一個成功而有威信、有魅力的上司，不僅要有傑出的個人才能，還必須善於處理與下屬的關係，懂得對下屬所取得的成績給予及時的肯定與讚美，這才是管理中所說的激勵法則。

只有會讚美下屬的上司，才是真正懂得用人哲學的上司，才是懂得滿足下屬自尊、自信的上司，也才會是受大家敬仰的上司。那麼作為上司，到底要如何做，才能把讚美的作用發揮到最大呢？

首先，作為上司要樹立務實的形象。上司要堅持適度的、實事求是的原則，既不可以無視下屬取得的成就，也不可以高估下屬的能力，否則就會適得其反，給下屬傳達一些錯誤的思想，讓下屬不能對自己有正確的評價，以致產生一些消極怠工或狂傲自滿的心理。

其次，讚美下屬要翔實具體，上司不可以誇誇其談，讓下屬不知所云。因為那些含糊其辭的讚美只會令下屬不明就裏。其實上司對下屬表揚的原因說得越具體，他就越能感覺到你對他的重視，工作起來就越努力。

再次，讚美時的態度要真誠，上司對下屬的讚美一定是要發自肺腑、情真意切。要想讓你的下屬有感於你的知遇之恩，從而樹立你在下屬心中威信的話，你不僅要做到真誠讚美，還要有虛懷若谷、見賢思齊的優秀品質，要能夠坦然地欣賞下屬的優點與成績。

最後，上司的讚美要講究方式、要及時，一旦發現下屬的優點，就要立刻表揚。只有上司主動與下屬打成一片，把下屬的成功當成是自己的成功，那樣才能讓下屬產生由衷的高興，才能讓他更加忠誠於你的上司，才會讓他更加努力地工作！

據說有一次，曾國藩召集諸將一起討論軍務，見諸將一個個茫然無措的表情，曾國藩就說：「諸位都知道，洪秀全是從長江下游東上而佔據江甯的……江寧之上，僅存皖省，若皖省克復，江甯早晚必成孤城。」正當他對局勢娓娓道來時，向來沉默寡言的部將李續賓插話道：「大帥的意思，是要進兵安徽？」「對！」曾國藩以極其賞識的目光看了李續賓一眼，而後又接著說，「迪庵（李續賓的字）說得好，看來你平時對此已有思考。為將者，重要的是胸有全局，規劃宏遠，這才是大將之才。迪庵在這點上，比諸位要略勝一籌。」

在特殊情況下及時的一句稱讚，遠遠勝過千言萬語，曾國藩的公開表揚，既讓李續賓受到了感動與鼓舞，也激勵了其他的將士。無疑是一箭雙雕。從此以後，受了鼓舞的李續賓果然更加效忠於曾國藩。簡單的一句話，卻讓下屬備受鼓舞，何樂而不為呢？

其實讚美的表達方式很多，一道讚許的目光、一個誇獎的手勢、一個友好的微笑，都能收到意想不到的效果，能夠常常得到讚美的下屬，也是表現積極的下屬。無論工作中遇到什麼困難，無論有多少煩惱，只要有上司的賞識與讚美，下屬一般都不會輕易地退縮，他們的心裏時時都會充滿自信與快樂，都會感激於上司的重視而更加發奮地工作。

美國著名企業家玫琳凱・艾施也說過：「要成為一個優秀的管理人員，你必須瞭解讚美別人可以使人成功的價值。讚美是一種非常有效而且不可思議的推動力量。」所以，上司不要吝嗇自己的讚美，及時地讚美你的下屬吧，用你的真誠給他們工作上取得的成績及時的認同與讚美。如果你是不善於表達內心情感的上司，那麼就請你用行動來告訴他們，讓他們知道你對他們的賞識與認可吧，行動是無聲的言語，即使讚揚的是一個小小的舉動，都會達到「此時無聲勝有聲」的效果！

6 對愛人多說些甜言蜜語

生活中，不論是情竇初開的少男少女，還是患難與共的老夫老妻，都希望對方能給自己多說點甜言蜜語。無論你心情多麼低落，無論你生活多麼艱難，無論你工作有多麼累，只要愛人說上一句「我愛你」，在你的心中就能夠激起萬般柔情，千種蜜意，你都會覺得自己是最幸福的人。

如果說愛情是幸福婚姻的基石的話，那麼充滿愛意的甜言蜜語，就可以說是夫妻感情的潤滑劑。當愛情轉變為婚姻之後，轟轟烈烈的愛情就變為平淡溫馨的家庭生活。不管是結婚多久的夫妻，他們都同樣需要甜言蜜語，儘管有些情感是言語所不能完全表達的，但是甜言蜜語的魅力永遠都不會改變。

雖然老夫老妻們總是礙於兒女的存在而羞於說「我愛你」，但也不必把這些話拋到九霄雲外。平淡的生活裏，可以偶爾向他或她深情地表達一下愛意，讓他或她知道：愛永遠在你心裏，從不曾改變！讓那些幸福的漣漪永遠蕩漾在你們的心中。儘管那種感覺不再像初戀時那樣濃烈、充滿激情，但是隨著時間的流逝、歲月的沉澱，它會越發令人回味。

有一對夫妻結婚不久，就因為一點小事生氣，愛使小性子的妻子就賭氣不吃飯，也不理睬丈夫。聰明的丈夫一見這種情況，就慌忙走到妻子的面前，哄妻子說：「老婆，別生氣啦！生氣老得多快啊，愁一愁白了頭，你若成老太婆了，那我怎麼辦？」生氣的妻子被丈夫的幾句話逗笑了。聰明的丈夫見到妻子笑了，就又接著說：「乖老婆，這就對了嘛，笑一笑十年少，笑十笑老來俏！我的老婆是最漂亮的。」頓時，妻子的怨氣煙消雲散，她望著自己的丈夫撒嬌地說：「貧嘴，小心我休了你啊！」然而心裏卻美滋滋的。

文中的丈夫是幽默的，同時他又懂得如何表達自己的愛意。有時並不一定非要包含「愛」字的語言才表示自己的愛意，許多人甚至會覺得把「我愛你」之類的話常掛在嘴邊，是一件很肉麻、很難為情的事情。其實愛是彼此心靈的相通，是對彼此難以名狀的感覺。只要你的愛是發自內心的，那麼即使沒有「愛」這個字，對方的心裏也一定會充滿暖暖的愛意，平淡的生活也會激起朵朵漣漪，夫妻感情也必定會更加美滿、甜蜜！

芳芳是一家公司的新任秘書，這天她剛發了薪水，就興沖沖想要回家告訴自己的丈夫。不料回到家後，她才發現粗心大意的自己不知什麼時候把錢包弄丟了，薪水也全丟了，傷心的她委屈地差點哭出來。那時她多麼需要丈夫的安慰啊！可是當她向丈夫說完後，丈夫卻對她嚷嚷道：「你整天丟三落四的，都這麼大了還不長記性，白白工作了一個月吧。」芳芳聽後，再也忍不住自己的悲傷，傷心地哭著說：「我辛苦一個月，我想讓它打水漂啊？你不來安慰我就算了，還說這些話刺激我，你根本就不關心我，我和你一起生活還有什麼意義！」隨後他們又吵了起來。

此後兩個人就進入了冷戰，誰也不理誰，後來丈夫思來想去，覺得自己的做法確實不妥，自己確實沒有顧及妻子的感受，於是就向芳芳道歉：「芳芳，我錯了，是我口無遮攔，是我不好，你不要生氣，好不好？其實我當時也是為你惋惜，結果沒有表達好，惹你生氣了，為這事氣壞了身體多划不來啊？」聽了丈夫的話，他們終於言歸於好了。

如果當時他們能夠冷靜下來，彼此能夠多一分理解，又怎麼會有冷戰呢？夫妻相處，對自己所愛的人多說一些甜言蜜語，少一點爭吵，那麼生活也就會多一分和諧溫馨。

夫妻是彼此最親近的人，自然也就是最直接的傾訴對象，一對能夠經常說甜言蜜語的夫妻，自然會避免很多爭吵。他們的生活會充滿溫馨，甜言蜜語是增進感情的潤滑劑，它會讓他們彼此忘記煩惱與憂愁，忘記所有的不幸，在愛的面前，讓他們變得更加堅強！

但在現實生活中，卻有許多人忽略了這一點，夫妻總是抱怨不斷，丈夫嫌妻子嘮叨，妻子怪丈夫懶散……一味地抱怨只能使感情慢慢冷卻，他們不懂如何對愛人說甜言蜜語，婚後的他們總覺得日子平淡無奇，缺少激情。其實，在忙碌的生活中，運用甜言蜜語調節心情，不僅會緩解生活的重負，分擔對方的痛苦，還能使婚姻更加甜蜜美滿。

7 與孩子說話要講究方式

德國教育家福祿貝爾說過：「尊重孩子，重視孩子，會使孩子自我感覺良好的同時，增加自信、樹立自尊。而自信與自尊，是做任何事情的基礎，是任何人成功所不可缺少的素質。」每一個人都有自尊，孩子也不例外，他們不僅渴望得到別人的尊重，還會竭力維護自己的尊嚴。

所以家長與孩子溝通時一定要講究方式，家長要站在孩子的角度考慮問題，不要總以一種高高在上的姿態盲目地指責孩子，而要以朋友的身分真誠地對待他們；家長們應懂得換位思考，別因為自己的疏忽，說出不妥當的話傷了孩子的自尊。

萊特兄弟從小想像力就特別強。他們九歲的時候，一天，倆人正在樹下玩耍，透過密密麻麻的樹葉，忽然發現一輪皓月掛在樹梢，異想天開的他們就想把月亮摘下來帶回家。於是他們按捺不住內心的激動就往樹上爬，結果摔了下來，還跌傷了腿。

他們的父親知道後，不但沒有批評他們，而且還對他們的行為加以讚揚：「你們想爬上樹摘月亮的想法是新奇的，是偉大的。可是月亮距我們那麼遠，豈是爬上樹就能摘到的。我希望你們將來製作一種有神翼的大鳥，騎著它到天上摘月亮去。」聽了父親的讚揚和鼓勵，他們都特別激動，並開始為自己的夢想而奮鬥，不斷地設計那種能去天上摘月亮的「神鳥」。終於，多年後的一天，他們成功地造出了世界上第一架飛機。

也許很多孩子看到天上璀璨的星星後，都曾有過要摘星星、摘月亮的夢想，可是又有哪一個家長會像萊特兄弟的父親那樣鼓勵孩子呢？不批評他們恐怕就不錯了。如果當初萊特的父親聽到他們的奇想時沒有鼓勵、讚揚他們，而是無端地加以指責，那麼萊特兄弟的夢想也許永遠無法實現。

因此，在與孩子溝通時，你一定要講究方式。要想與孩子親密無間，那就要彎下腰來和孩子交流，不僅要給孩子充分的時間和空間，還要給予他們足夠的尊重和信任。然而在很多家庭裏的情況卻是：父母全權負責決策，孩子只能是執行者。這樣由於父母和孩子的交流都是單向的，因此不情願按照父母的意見去做事的孩子，其逆反心理就越來越強，以致與家長之間形成無法逾越的鴻溝。

小強是一個小學二年級的學生，有一天晚上，他一邊吃東西一邊寫作業，媽媽見小強學習如此不認真，就特別生氣，但更讓她生氣的是：小強的作業寫得亂七八糟。氣急敗壞的她，當時就抖著作業本大聲吼小強：「你就知道吃、就知道玩，這寫的是作業嗎？你還能做好什麼啊？你什麼時候能讓我省心啊？你怎麼就不和別人學學呢！」說著竟一把撕掉了小強的作業。然後又說小強坐姿不正確，總愛在牆上亂塗亂抹，愛和小朋友打架，愛看電視……小強所有的「罪惡史」在那天幾乎被她說了個遍。

小強開始還沉默地聽著，但是漸漸地就有些不服氣了，最後他哭著說：「媽媽，難道在你眼裏我就沒有一點好地方了嗎？」從那以後小強變得很沉默，有什麼話也不告訴媽媽了，成績也一直下滑！

就如同例子中的媽媽，好多父母都喜歡翻舊賬，他們動輒就把孩子以前的過錯統統拿出來批評一番。父母以為這樣會促進孩子儘快改正錯誤，其實不然，孩子正處在不斷學習、成長的過程，父母要原諒孩子的過錯。太多的指責不僅會讓他們覺得喘不過氣來，達不到教育的目的，還會導致孩子的厭惡。他們會覺得自己在父母的眼裏一無是處，即使自己犯了錯，改與不改也沒有什麼區別！

總的來說，家長與孩子說話一定要注意自己的語氣和表達方式。不得當的說話方式不僅不利於良好的溝通，還不利於孩子的健康成長。所以，家長要遵從孩子成長的心理特徵，循序漸進地幫助孩子。

父母要多注意觀察孩子，找出合適的說話方式。不要隨隨便便打斷孩子的話，不要對孩子的話表現得不耐煩，對孩子也要學會察言觀色，要對孩子的問題表現出極大的興趣。倘若孩子做錯了事，不要一味地批評責備，要積極地幫助他在過失中總結教訓，積累經驗。

此外，父母不要總拿自己的孩子和別的孩子比較。總是誇獎別的孩子優秀，要向別人學習。於是，孩子就破罐子破摔，敵對、逆反心理也由此而生，甚至變得冷漠、情緒低落、故意與父母唱反調。

最好的說話方式是鼓勵與讚美，以商量與讚賞的語氣來與他交流，這能給孩子自信與尊重。美國心理學家詹姆士說：「人類本性上最深的企圖之一就是渴望被讚美、欽佩和肯定。」當一個人受到讚美的時候，就會對自己充滿信心，對所做的事情充滿熱情，而鼓勵能產生意想不到的激發作用，催人奮進。當家長對孩子的某些做法感到不滿意時，應該先從自身找原因，不但要驅除傲慢與偏見，還要給予他們足夠的理解。

8 怎樣與陌生人說話

在這個世界上，每個人都不可能孤立存在，除了自己熟悉的家人、朋友之外，還會遇到形形色色的陌生人，有些人只是你生命中的匆匆過客，而有些人會成為你生活中的朋友、事業上的夥伴。那麼如何與陌生人說話、交往就顯得尤為重要。

與陌生人的初次交談，說話至關重要，與陌生人處理得好，會讓對方有一種一見如故、相見恨晚的感覺；如果處理得不好，就可能會令雙方局促無言，陷入尷尬的境地。

那麼，怎樣與陌生人說話才能達到最佳效果呢？

1. 避免敏感話題

與陌生人交談，一定要避開對方敏感的話題，以免使對方感到尷尬，導致溝通失敗。

某報社為一個經理做專訪，派去的幾名記者都被拒之門外，王明卻圓滿地完成了任務。對此王明的同事很是不解，就向他討教。

原來王明在採訪之前，瞭解了經理的生平背景。

這個經理早年在路邊一個水果零售店打工，後來因與人打架而進了監獄，出獄後他就做起了海鮮生意，最後成功地開了一家大公司。

王明在採訪的時候，先說自己曾經的不堪，然後又拋開了經理那不堪回首的牢獄生涯，他對那個經理說：「聽說您當年獨自闖天下，最後竟擁有了這麼有實力的公司，真是一段傳奇的創業史……」

滿足了虛榮心的經理，於是就滔滔不絕地談起了他的創業之路，最後，王明的採訪順利完成。

前面幾位記者失敗的原因，就在於他們的話題勾起了經理的痛苦回憶，使經理產生了排斥心理，採訪當然會以失敗告終。所以與陌生人溝通的時候，要注意說話的策略，儘量不要涉及對方的傷心事、對方的隱私等話題，否則就會招致厭煩。

2. 聽人介紹，猜度共同點

當你去朋友家時，倘若正好有個陌生人也在那裏，那麼一般情況下，主人都會主動地介紹你們相識。這時細心的人們就會立即揣測自己與對方有什麼樣的共同點，以至找出談話的突破口，為進一步的認識與瞭解作準備，氣氛自然也就融洽了許多。

3. 認真觀察對方，尋找共同話題

一個人的心理狀態、生活愛好、精神追求等，都會或多或少地在他們的表情、服飾、談吐等方面有所表現，只要你善於觀察，就會發現你們的共同話題。與陌生人交談時，自然少不了幾句寒暄，然後才能看準時機切入正題，你可以從對方的各種言行中窺察對方。若對方抱著胳膊，表示正在思考問題；抱著頭，表明一籌莫展；真正自信而有實力的人，會謙虛地聽別人說話，同時還要考慮到對方年齡、性別、性格、文化等差異，採用適當的策略。

一名學生與一個陌生人在汽車上相遇，半路上堵車了，那個陌生人就與身旁的人說話，他說：「我所在的學校每天早上都會升國旗，無論你走到哪裡，只要還在校園的某個角落，聽到國歌後，你都必須面向國旗升起的地方，然後致敬……」那個學生聽到後感到驚訝，因為他所在的學校也有這樣的規定，於是他就問那個陌生人：「你是某某學校的嗎？」「是啊。」就這樣，原本陌生的兩個人攀談了起來，後來還成為了朋友！

4. 讚美要恰到好處

沒有人不喜歡讚美，因為面對一個陌生人，如果你使用讚美的技巧，就會收到良好的溝通效果。懂得讚美是一種寶貴的資源，讚美總是能很容易獲得別人的好感，最容易使人打開話匣子。人人都喜歡讚美的話，但是必須注意針對不同的人採取合適的讚美方式，把握好尺度。這個尺度就是「不過分，不誇張」。「不過分」指的是對陌生人說讚揚的話一定要適度，不要說得過多，過多會有恭維之嫌，會讓人不自然。有時候一兩句讚美的話就足以使對方快樂，但是如果一句話說過多次或者對某個人說一大堆溢美之詞，那麼對方就會感到你是在敷衍他，或者會疑心你的動機不純；「不誇張」就是說讚揚的話應該樸實、自然，不要有過多修飾的成分，不能誇大其詞。讚美猶如芬芳的花香，喜歡讚美別人是一種美德，但是，請保證你的讚美是誠懇的。

讚美如果不適度就會很容易被人理解成恭維，恭維是切得很薄的香腸，味道很美；而吹捧是切得很厚的香腸，沒法消化。而恰到好處的讚美能使對方身心愉快，不恰當的讚美會適得其反，令人感到難堪。

5.以話試探，偵查共同點

為了打破僵局，與陌生人見面時，總有一方要先開口說話，詢問對方的一些資訊。

兩位學生同時去高雄，坐同一節火車，由於無聊，一位就問：「你到哪裡下啊？」

「終點站。」

「你呢？」

「一樣。」有了共同點的兩個人就圍繞這個話題聊了起來，他們談論自己的學校，去高雄的目的等等，由於太投機，分別時還有點依依不捨，最後都留下了彼此的電話號碼。

看似很偶然的相遇，其實是必然的，因為有了共同點，才可能成為朋友。

Part 3

做對事

Do the right thing

做事不由東，累死也無功

《為學》中說：天下事有難易乎？為之，則難者亦易矣；不為，則易者亦難矣。人之為學有難易乎？學之，則難者亦易矣；不學，則易者難矣。這句話說的是做與不做的區別。還有一句話：難者不會，會者不難。這八個字道出了人們在做事時的真理。會做，便是胸有成竹，自信滿滿，得心應手；不會做，便是茫然無措，灰心喪氣，無以下手。會者，則快的斬亂麻，以近知遠，以一知萬，以微知明；不會者，則拖泥帶水，瞻前顧後，事不能決，後患無窮。其實，做事的奧妙，不完全在於會與不會，其實還是有技巧的，這就要看你拿捏的分寸。

CHAPTER 8

做事要有好心態

Have a good attitude to work

積極的人像太陽，無論走到哪裡都會光芒四射，消極的人像月亮，初一、十五不一樣。快樂的鑰匙一定要握在自己手裏。一個心靈成熟的人，不僅能夠自得其樂，而且，還能夠將自己的快樂與幸福帶給周圍更多的生命。因此，在做事時要保持一個良好的心態，心態決定一切！只有擁有一個良好的心態，才能在做事時遊刃有餘，才能做到豁達與寬容。

1 積極樂觀者勝

一千多年前，詩人李白便告訴人們，「長風破浪會有時，直掛雲帆濟滄海。」「天生我材必有用，千金散盡還復來。」他這種積極樂觀的精神一直激勵著人們，鼓勵人們乘風破浪勇往直前。但是你要明白，「花開堪折直須折，莫待無花空折枝。」如果你在做事時能夠把握好時機，以積極樂觀的心態去面對，那麼你必定勢如破竹，終將取勝。

著名教育家魏書生在《心靈的攝像機對準啥》一文中說：我們的心靈像攝影機，眼睛便是攝影機的鏡頭。面對社會，面對生活，我們拍下什麼錄影片在自己的心上，全由自己說了算。要想擁有一個積極樂觀的心態，首先，要學會以積極樂觀的眼光看待這個世界，學會積極地思考，積極面對一切事情，不斷暗示自己，這樣，你就會擁有一個積極的人生。一個人的生命是有限的，你不能延長生命的長度，但你可以擴展它的寬度；你不能控制風向，但你可以改變自己的帆向；你不能改變天氣，但你可以左右自己的心情；你不能控制環境，但你可以調整自己的心態。

二〇〇八年的奧運會，觸及滿目的都是福娃的形象。設計福娃的藝術家已年近七十，在年輕時受到很多磨難，但是他卻創造出了充滿積極樂觀的福娃形象，並被北京奧運會組委會評選為吉祥物，他就是平民藝術家韓美林。他在做客央視《藝術人生》時說過這樣一句話：「酸甜苦辣的人生你哪一個也逃不掉，因此，我認為我們應該保持樂觀積極的心態面對它。」「在我的眼中，世界是美好的，我的一萬件作品，沒有一件是悲觀的，沒有一件是叫苦的，我這一生受過許多苦，但在藝術創作中，我就不悲觀，不叫苦。」

在生活中，不管做什麼樣的事情，積極樂觀者總是能夠取勝。事物總有其兩面性，陰陽共存。事物發展的軌跡也並不是一帆風順暢通無阻的，它總是呈波浪式前進，呈螺旋狀上升。當你身處陰暗的一面時，如果你沒有能力抑制、消滅，你還是不看為好，何必讓那些像蒼蠅、臭蟲一樣的人或事，弄得自己噁心與不愉快呢？不要總是覺得委屈，學會調整自己的視角，你就會看到一個美麗的世界。

霍金，英國劍橋大學應用數學及理論物理學系教授，他不僅是當代最重要的廣義相對論和宇宙論家，還是當今享有國際盛譽的偉人之一，他被稱為在世的最偉大的科學家，還被稱為「宇宙之王」。

在十七歲時，霍金就讀牛津大學攻讀自然科學，獲得了一等榮譽學位，隨後轉讀劍橋大學研究宇宙學。一九六三年，也就是他二十一歲時，被診斷患有肌肉萎縮性側索硬化症，即運動神經病，當時醫生診斷他只能活兩年。但是他卻活了下來，勇敢並積極地面對這一切，雖然全身癱瘓，而且失去了說話的能力，只能依靠語音合成器來發聲，但是他並沒有灰心喪氣。他從挫折中站起來了，並且取得了巨大的成功。

二十世紀七〇年代，他和彭羅斯證明了著名的奇性定理，並在一九八八年共同獲得沃爾夫物理獎。他還證明了黑洞的面積不會隨著時間減少。一九七三年，他發現黑洞輻射的溫度和其品質成反比，即黑洞會因為輻射而變小，但溫度卻會升高，最終會發生爆炸而消失。

一九八〇年以後，他的興趣轉向量子宇宙論。這時他的行動已經出現問題，後來由於得了肺炎而接受穿氣管手術，使他從此再不能說話。二〇〇四年七月，霍金修正了自己原來的「黑洞悖論」觀點，資訊應該守恆。

霍金無疑是不幸的，但是他沒有沉浸在消極的情緒裏自怨自艾，而是繼續醉心於研究，積極樂觀地面對生活，最終，他以他的熱忱和對科學的熱誠，取得了令世人矚目的成績。

不論在什麼時候，你都要端正自己的態度，不管是在生活、工作還是學習上，都應該去積極地面對，用一種積極的方式，哪怕是一個積極的微笑，一個積極的手勢，或者一次積極的暗示，都會有助於你形成積極樂觀的心態。一個消極的人在面對事情的時候，不會如積極者那樣躍躍欲試，於是，便少了成功的機會。抱怨永遠都沒有用，只有以積極的心態面對，才能圓滿完成任務，才能取得成功。

在生命的旅途上，你感覺自己很平凡、渺小，感覺生活又是一如既往的平淡，甚至是乏味。如果你因此產生消極的心態，那麼你就難以感受到身邊的風景：晨光中那青草尖閃爍的晶瑩露珠，樹木隨風搖曳時在地上斑駁的投影……這些，只有一個樂觀的人才能感受得到。你只有在生活中能夠感受到美，才能夠享受到人生的樂趣，才能在面對事情的時候也從容不迫，微笑面對，這是一個成功者必備的素質，所以，請你抬頭面對生活吧，懷著一顆樂觀的心，積極面對，你將會在以後的日子裏享受到成功的喜悅。

2 悲觀消極是成功的大敵

樂觀和悲觀，雖然都是對於生活的一種態度，但是在思維模式和行為上，它們有著很鮮明的對比。樂觀的人對於一件事情，通常會表現出很大的興趣或者是持中立態度，願意去嘗試，並思考其中的利弊；悲觀的人常常是在心理上排斥它，他們以抱怨的心態面對，對事情沒有耐心；樂觀的人對事物有著好感，並能從其中發現樂趣，不斷地去感知、瞭解、學習並吸收；悲觀的人則只能不斷地發現事物的弊端，並試圖遠離它們。

所以，樂觀者積極做事，總是容易獲得成功，而悲觀者由於總想著遠離事物，以致離成功越來越遠，可見悲觀消極是成功的大敵。要知道，萬事萬物都有其兩面，樂觀者會在其中逐步完善自己，把事情做得越來越漂亮；而悲觀者唉聲歎氣，消極怠工，又怎麼會取得成功？

艾文．希爾教授曾說：「顯然，獲得成就的要素，不限於才能和資質，我不得不相信另一個要素——心態，心態積極，能力便能發揮到極致，好的結果也隨之前來。」有的專家對於悲觀和樂觀的人有這樣的理解：悲觀者說，我只有看見了才會相信。樂觀者說，我相信我就會看見。他為悲觀者和樂觀者劃出了這樣的界限。

兩個歐洲人到非洲某處去推銷皮鞋。這裏的天氣異常炎熱，或許是因為這個關係，這裏的人一向不穿鞋子，都是光著腳。一個推銷員看到這種情況，立即失望起來，他說：「這些人都已經習慣赤著腳走路了，怎麼會要我的鞋子呢？」於是，他看了看周圍的人，便放棄了努力，空手而回。另一個推銷員來到這裏，他一看這種情況，便驚喜萬分，因為他看到了這裏潛在的市場。於是，他便想盡方法引導那些非洲人穿皮鞋，最後賣出了很多雙皮鞋，取得了很大的成果。

樂觀者總是會採取行動，而悲觀者則會停滯不前，他們沒有想要改變的慾望，總是認為事情很難，而不去採取任何行動。同樣的半杯水，樂觀者會看到它滿了一半，而悲觀者則只能看到它上面空的一半。這就是樂觀者和悲觀者的不同心態，樂觀者想著往杯子裏倒水，而悲觀者卻是從杯子裏取水。所以，樂觀者容易獲得成功，而悲觀者永遠不會看到成功的曙光。

在生活中，樂觀者和悲觀者都是戴著有色眼鏡來看待他們所遇到的事情。悲觀的人往往對於壞的事情或者消息比較敏感和偏愛，他們好像一個個警惕的哨兵，總是警覺著周圍環境中的危險資訊。而且他們總是認為這是他們的過錯，這種事情一定會有很大的破壞力，因此悲觀者就不會去努力；而樂觀者則是對好的事情更為敏感，當厄運來臨時，他們會認為失敗是暫時的，且都有它自身的原因，樂觀者會考慮周全，處理事情也會更加有條理。面對這個競爭力越來越大的社會，機會和挫折都會隨之增多，一個消極的人不能抓住機會，也不能對抗挫折，因為消極的人的心理一般都很脆弱。而樂觀的人由於能夠抓住機會，生活工作中也多是一帆風順的，可見一個人看問題的方式，不可小覷，它決定你是否能夠成功。

世界上最偉大的推銷員之一喬治，在面對如何把斧頭推銷給布希總統的難題時，他的積極態度起了決定性的作用。在這樣的問題面前，消極悲觀的人想的是，布希總統什麼都不缺，再說了，即使他缺少什麼，也用不著他親自去買；即使他親自去買，也不一定正趕上你推銷的時候。於是，這種人便放棄了這樣的機會。這就是消極之人的想法，所以想要成功，就不要太多理由來說服自己這件事情有多難，太多理由只能成為你成功的絆腳石，消極的心態只能讓你離成功越來越遠。

喬治心裏想的卻是他想要得到的，而其他人想的是他不想要的，喬治想的是贏取，別人想的卻是損失，他們都會得到相應的報酬。這就是悲觀者與積極者的區別。一個人能夠主動爭取成功，而另一個似乎永遠都在等待成功，成功卻從來不會主動找上某個人。

不要讓現實的焦慮侵蝕了你，不要讓消極悲觀的心態主導你的生活，從現在起，戰勝消極的心態吧！試問，為什麼擁有那麼多，你還要時刻受到這種不良情緒的影響，你的生活本應該是陽光燦爛的，而不是垂頭喪氣的！想像你的形象，時刻讓自己處於積極樂觀的最佳狀態之中，摒棄那些消極的想法吧！讓自己積極起來，生活便會無限美好！

3 困難來臨，要敢於面對

威爾遜曾說：要有自信，然後全力以赴——假如具有這種觀念，任何事情十有八九都能成功。挫折時時伴隨著你的人生，沒有了它，成熟就無從談起；困境是人生之路上的導師，沒有了它，成功就無從談起。在歷史的長河中，經常聽到這樣的聲音：人生之路無坦途，走出困境天地寬。當困境來臨時，不同的心態就會導致迥然不同的結果。你只有在困難來臨時敢於面對，才能走向成功。

在面對困難的時候，有的人因為怯懦，或是其他原因而不敢面對。這樣，一件事情他還沒有觸及便已經失敗了。面對困難，先去考慮失敗的後果，必然會在心理上給自己造成負擔，而後導致不能發揮出自己的潛力，在困難面前畏首畏尾，最後以失敗告終。要想成功，你就要時刻保持積極的情緒，勇敢地面對挫折和失敗，並懷著一顆必勝的心去戰勝困難，培養自己堅強的意志，要有強者的意識，相信自己，這樣才會度過困境。心理暗示對一個人的影響是很大的，成功是對我們實力的證明。

有一次，松下電器公司招聘員工，計畫招聘十人，而報名的卻有好幾百人。松下採用筆試與面試結合的方法，最終篩選出了十位佼佼者。

在錄取的過程中，松下幸之助發現一位筆試成績特別出色，在面試中也給他留下了很深印象的年輕人，竟然沒在這十個人之中。於是松下幸之助便讓人復查了考試的情況。結果發現這位叫神田三郎的年輕人綜合成績排名第二位。這時大家才發現原來由於電腦出了故障，把分數和名次排錯了，於是松下幸之助立刻讓人重新排列名次，並且給神田三郎發去了錄用通知書。

然而第二天，松下幸之助卻收到了一個驚人的消息：神田三郎因為沒有被錄取而跳樓自殺了。聽到這一消息，松下幸之助沉默了好久。他的一位助手聽到後說：「多可惜，一位這麼有才幹的青年，我們沒有錄取他。」「不，」松下搖搖頭說，「幸虧我們沒有錄用他，意志如此不堅強的人，是做不了大事的。」

保持一個良好的心態，不斷尋求心理上的平衡點很重要，只有這樣你才能不斷地成長，以一個積極的心態去面對困難，敢於面對困難是心理成熟的表現。神田三郎無疑是不幸的，他沒有勇氣面對這樣的困難，甚至不能算是困境，一次小小的失敗就讓他一蹶不振，喪失了生活的勇氣，這樣的人無疑是懦弱的，又怎麼會在以後的道路上成功呢？

面對困難，畏首畏尾，瞻前顧後，最終會失敗。先秦時期，六國因懼怕秦國而實行連橫政策，最後卻因懼怕秦國而「從散約敗，爭割地而賂秦」，最終被秦國所滅；宋朝統治者面對外寇入侵，苟且偷生，結果丟掉了大半個江山；清朝末期，面對帝國主義的堅船利炮，政府竟然苟且簽訂了一系列不平等條約。這種種的事例都表明：面對困境，一味地退縮，其結局是慘澹的。

一八三二年，林肯失業後，他就下決心要當政治家，當州議員，但是他競選屢次失敗了。

於是他著手開辦了自己的企業，可惜一年不到又倒閉了，於是在以後的十七年裏，他不得不為債務而奔波。

即使這樣，面對挫折，他也從不輕言放棄，隨後他又參加競選州議員，這次他成功了。

讓我們一起看看林肯當選總統之前的種種經歷吧！

一八三五年，在離結婚的日子還有幾個月的時候，未婚妻不幸去世。

一八三六年，他得了精神衰弱症。

一八三八年，決定再次競選州議員，失敗了。

一八四三年，又參加競選州議員，仍然沒有成功。

一八四六年，參加競選國會議員，他成功了。當他爭取連任的時候，他認為自己很出色，但是卻落選了。

一八五四年，參加競選參議員失敗。

一八五六年，在共和黨的全國代表大會上爭取副總統的提名得票不到一百張。

一八五八年，再度競選參議員失敗。

一八六〇年，當選美國總統。

毫無疑問，林肯是堅強的，面對挫折，他是積極樂觀的，從某種意義上不得不說，是困難成就了他。

有時，困難像彈簧，你弱它就強。面對困難時，你要勇於正視，而不是一味逃避，要有敢於克服困難的勇氣，運用你的智慧去解決，才能戰勝困難，取得相應的成功。不敢面對困難是弱者的做法，是可恥的！知恥而後勇，當然這個勇不是魯莽的意思，不是不假思索地蠻幹，也不是對一切都無所畏懼。青松因不畏懼山崖，故能在峰頂傲視天下；梅花因不畏懼寒冷，故能為百花之首，凌然傲骨；駿馬因不畏懼草原，故能馳騁如飛，自由奔馳。做一個勇敢者，在困難面前仰起你的頭顱，用你的智慧和勇敢去面對困難吧！

4 成不驕

「成不驕」告訴人們，成功了以後不能驕傲自滿。毛澤東說過：「虛心使人進步，驕傲使人落後。」在人的一生中，總會有多多少少的成功，如果驕傲了，那麼等待你的將是潰敗。驕兵必敗，古人早就明白了這個道理。你應該把成功當成一個新的起點，繼續努力奮鬥，創造出更加輝煌的業績。在順境中成功的人，應該明白，這種成功是脆弱的，應該更加努力維護自己的成果，驕傲不得；在逆境中成功的人，知道了成功的艱難，更應該繼續前進。驕傲使人落後，當一個人驕傲自滿時，那麼，也就是他走向失敗之時。

孔子帶著學生去魯桓公廟裏參拜，他看到一個器皿傾斜著放在寺廟裏，孔子就問守廟的人，這是什麼器皿？守廟的人恭敬地答道，這是放在座位右邊以此警戒自己的。孔子便說：這種容器沒有裝滿水就是傾斜的，水適中便會端正，裝滿了就會傾倒。於是孔子便讓他的學生們往裏面倒水，結果正是如此。孔子感慨地教育他的學生，這個世界上哪有不因為滿而不顛覆的事物呢！

自滿的心不能有，不管什麼樣的情況下，都要謙虛謹慎。當你取得成功時，是驕傲自滿還是謙恭有禮，這取決於你的心態。其實，生活就是在做事之中前行的。然而事難做，同一事情的做法也因人而異，所以把事做好就要因事制宜，在做事的同時體驗著人生百味。

成功需要保持一顆平常心。人類是感情動物，成功了自然開心，這是天性。但是如果你在成功時不具備一顆平常心，那麼你的成功必將曇花一現，轉瞬即逝。

居里夫人曾說：我以為人們在每一時期都可以過有趣而有用的生活。我們不應該虛度一生，應該能夠說，「我們已經做了我能做的事」，人們只能要求我們如此，而且只有這樣我們才能有一點快樂。

一八九四年，居里夫人接受了法國國家實業促進委員會提出的關於各種鋼鐵的科研專案。而後，她對鈾及其化合物的輻射能量產生了極大的興趣。一八九七年，她選定了自己的研究課題：對放射性物質的研究。最終，她發現了放射性元素鐳，這是近代科學史上一次最重要的發現，奠定了現代放射化學的基礎，為人類做出了重大的貢獻。

在實驗中，她發現一種瀝青鈾礦的放射性強度比預計的強度大得多，這說明實驗的礦物中含有一種人們未知的新放射性元素，且這種元素的含量一定很少，她決定通過實驗證實它。她的丈夫比埃爾•居里放下了正在研究的課題，和她一起研究這種新元素。經過幾個月的努力，他們從礦石中分離出了一種同鉍混合在一起的物質，它的放射性強度遠遠超過鈾，這就是後來被列在元素週期表上第八十四位元的釙。幾個月以後，他們又發現了另一種新元素，並把它取名為鐳。居里夫婦並沒有因獲得的成功而喜悅，他們發現按照傳統的觀點，是無法解釋釙和鐳這些放射性元素所發出的放射線的。為了最終證實這一科學發現，也為了進一步研究鐳的各種性質，他們必須從瀝青礦石中分離出更多的、並且是純淨的鐳鹽。

工夫不負有心人，終於在一九〇二年，居里夫人提煉出了十分之一克極純淨的氯化鐳，並準確地測定了它的原子量。鐳的發現在科學理論和實際應用中，都有重要的意義。一九〇三年十二月，他們獲得了諾貝爾物理學獎。然而他們卻不在乎這些，並用那些獎金繼續他們的研究。在鐳提煉成功以後，有人勸他們向政府申請專利權，壟斷鐳的製造以此發大財。居里夫人對此說：「那是違背科學精神的，科學家的研究成果應該公開發表，別人要研製，不應受到任何限制。」「何況鐳是對病人有好處的，我們不應當藉此來謀利。」居里夫婦還把得到的諾貝爾獎金的大部分，贈送給別人。

一九一四年，巴黎建成了鐳學研究院，居里夫人擔任了學院的研究指導。一九三七年七月十四日，居里夫人病逝了。她最後死於惡性貧血症。她把自己的一生都獻給了科學事業，直到生命的終結。居里夫人是偉大的，但是她從來沒有因為成功就停滯不前，沒有帶著成功的光環炫耀於世。所以，她才能在成功的道路上一直走下去。偉大的科學家愛因斯坦評價說：「在我認識的所有著名人物裏面，居里夫人是唯一不為盛名所顛倒的人。」

在成功的時候，不因身上的光環而自鳴得意，控制自己的意念。成功不是為了沾沾自喜，而是證實自己實力最好的武器。你在做事時應該有著最根本的信念，知道自己是為了什麼而做，而不是為了那些虛榮，這樣，你就能在成功的面前泰然自若，並且設定下一個目標，不斷取得成績，有所突破！

5 敗不餒

人生沒有平坦的大道，成功了不可驕傲，同樣，失敗了也不可氣餒。失敗並不可怕，可怕的是沒有一顆進取的心。失敗和成功都是人生中的調味劑，沒有了它們，人們的生活將索然無味。所以，對於失敗，你不必如此的惶惶不安，不必將失敗的力量看得過於強大，失敗只是生活中風輕雲淡的事情，因此無須將失敗無限擴大。失敗是什麼？失敗就是你在通往成功之路時的墊腳石。永遠不要害怕重新來過，因為，如果不重來，你也就走到了終點。是終點還是開始，只在於你的一念之差。

人生是由無數次失敗和成功堆積而成的。你可以失敗無數次，但是你必須在失敗後立即振作起來，投入到下一次的戰鬥中，有了希望，就有了奮鬥的力量。失敗並不可恥！人生是由一次次的經驗積累而成的，而失敗便是構成人生經驗最主要的因素之一。唯有正視失敗，才能真正將失敗看做經驗，你才能體會到，什麼是墊腳石。

我們都知道愛迪生，他失敗了無數次，但是，他卻沒有放棄實驗，而是把這些當做他走向成功的經驗，最後他終於發明了很多電器，如同步發報機、改良電話機、留聲機、電燈等。

他只是一個工人的孩子，小學未讀完便到火車上賣報。一八六二年，他救出了一個在火車軌道上即將遇難的男孩，孩子的父親無以為報，就教給他電報技術，從此愛迪生便與電結下了不解之緣。

他是一個異常勤奮的人，喜歡做各種實驗，對電器尤其感興趣。自法拉第發明了電機之後，他便下定決心製造電燈。愛迪生認真總結了前人製造電燈的失敗經驗，制訂了詳細計畫，便開始進行試驗：一是分類試驗一千六百多種不同耐熱的材料；二是改進抽空設備，提高燈泡的真空度。他將一千六百多種材料逐一試驗，當然在這其中他經歷了無數次的失敗。但是他的每一次失敗都使他離成功更近一步，他從沒有放棄的念頭。最後他發現，白金絲的性能最好，但是它的價格卻貴得驚人，必須找到廉價的材料來代替。一八七九年，幾經實驗，愛迪生最後決定用炭絲來做燈絲。他把炭絲放到燈泡中，再用抽氣機抽去燈泡內空氣，終於電燈能連續使用四十五個小時。就這樣，世界上第一批以炭絲為燈絲的白熾燈問世了。

不要羨慕那些成功者，因為他們成功的背後是無數次的失敗。更不要面對自己屢次的失敗而灰心喪氣，嗟歎不已。要知道，越是成功的人，他經歷的失敗次數便越多，畢竟能夠一蹴而就的人還是寥寥無幾。即使有一鳴驚人者，他的背後也必定有你所不知道的無數辛酸。失敗往往隱藏於人們背後，但是，你要正視它的存在。

有一個人，他的一生經歷了上千次失敗，但是他說：一次成功就夠了。

五歲，父親病逝，母親外出做工，他照顧弟弟妹妹，學會自己做飯。

十二歲，母親改嫁，遭到繼父的虐待。

十四歲，輟學，開始流浪生活。

十六歲，謊報年齡參加遠征軍，因暈船被遣送回鄉。

十八歲，結婚，但是只過了幾個月，妻子變賣了他所有財產逃回娘家。

二十歲，當電工、開渡輪，後來當鐵路工人，工作不順。

三十歲，他在保險公司做推銷員，因獎金問題與老闆鬧翻辭職。

三十一歲，自學法律，做了律師，卻在法庭上與當事人大打出手。

三十二歲，失業，生活艱難。

三十五歲，受重傷，無法工作。

四十歲，開了一家加油站，引起糾紛。

四十七歲，與第二任妻子離婚。

六十一歲，競選參議員，落敗。

六十五歲，政府修路拆了他剛生意好的快餐館。

六十六歲，為了維持生活，到各地推銷自己的炸雞技術。

七十五歲，轉讓了自己創立的品牌和專利，他拒絕了一萬股的股票，後來股票大漲，他失去了成為億萬富翁的機會。

八十三歲，他又開了一家速食店，卻因商標專利與人打起了官司。

八十八歲，他終於大獲成功。

他就是肯德基的創始人哈倫德•桑德斯。

在人生的道路上，誰都想獲得成功，都期待成功的光臨。但是，失敗總是難免的。馬克思說：在科學上沒有平坦的大道，只有不畏勞苦沿著陡峭山路攀登的人，才有希望達到光輝的頂點。那些有成就的人，都是不畏艱難，不怕失敗的人。失敗了並不可怕，站起來人生依舊充滿希望。只有經歷失敗，才能感悟生活，才能感悟生命的真諦，所以失敗了，不氣餒，鼓起勇氣重新開始！

6 做事要低調

做人不懂得低調，便會遭人忌恨；做事不懂得低調，便會處處碰壁，甚至被人誤解。低調做事，並不是說要一味地忍讓，更不是說要與世無爭，而是一種智慧，以退為進，以守為攻，則不戰而勝。有些人很有才能，卻喜歡張揚，總是想盡方法極力表現自己。三國中有一個人叫禰衡，自稱天文地理，無一不通；三教九流，無所不曉；上可以輔佐明君，下可以配德聖賢。但是在處理事情之時，不懂得要低調，故不得曹操重用，一身才能，未曾施展便死於刀下。

低調做事，不是說要睜一隻眼閉一隻眼，不是說要隨潮流，也不是說要一味埋沒自己的才能，而是說，不張揚、不顯擺。低調做事是不保守、不偏激，是一種中庸的處事方略，它是一種處世態度，一種處世哲學。張揚浮躁有時候甚至會惹來殺身之禍，所以說，做事要放下姿態，以和為貴，這才是處世智慧的重心，才能穩立於世。

賈詡，是三國時期奇謀百出、算無遺策的謀士，時人稱之為「毒士」。李傕、郭汜作亂時，在李傕帳中任謀士，後李傕等人失敗後，輾轉成為張繡的謀士。在官渡之戰時，他讓張繡歸順曹操。曹操在官渡戰袁紹、潼關破西涼馬超、韓遂，皆有賈詡之謀。曹操占荊州想乘機順江東下為賈詡勸阻，說應該安撫百姓等待時機，曹操不從，結果在赤壁之戰中大敗而歸。賈詡暗助曹丕登上帝位，後來曹丕稱帝封其官為太尉、魏壽亭侯。曹丕問應先滅蜀還是吳，賈詡建議應先治理好國家再動武，曹丕不聽，果然征吳無功而返。賈詡非曹操舊臣，就怕曹操猜疑，就低調行事，採取自保策略，閉門自守，不與別人私下交往，他的子女婚嫁也不攀結權貴。死時七十七歲，謚曰肅侯。著名三國評論家易中天在《百家講壇》中評論：賈詡能在亂世中審時度勢，自己活得時間最長，還保全了家人。賈詡可能是三國時期最聰明的人，卻也最懂得低調做事的重要性，沒有因為天賦才華便四處張揚，否則他也就不能長壽而善終了。

低調做事，說該說的話，做該做的事。槍打出頭鳥，在事業上爭強好勝固然是好的，但是，要在好勝的性格之下保持一顆謙虛謹慎的心，保持風度，要有自己的遠見卓識，做一個溫文爾雅的人，這樣才能在工作生活中獲得更多的快樂。

石苞出身貧寒，為人卻正直，於是得到司馬炎的重用。他盡職盡責，在轄區百姓心中頗有威望。朝中一部分人暗中忌恨他，有個叫汪琛的人密報司馬炎說聽到一首歌謠：皇宮的大馬變成驢，被大石頭壓著不能出。這個「馬」自然是指司馬炎，「石頭」便是說石苞了。後來，迷信風水的司馬炎又聽一個法師說：「東南方將有大將造反。」這樣，司馬炎就開始懷疑石苞了。

此時，荊州官員送來了吳國派大軍進犯的報告。石苞也得到了消息，便立即著手準備戰鬥，修築防禦工事，封鎖通道，準備戰鬥。司馬炎聽說石苞這樣做就更加懷疑，問中軍羊祜：「吳國的軍隊進攻套路一向是東西呼應，兩面夾擊，這次怎麼會只在一邊，難道石苞真會謀反？」羊祜認為不會，但是這並沒有消除司馬炎的懷疑。

司馬炎便出師征討石苞。大難臨頭了石苞還不知情，他冷靜地想：「自己一向忠心耿耿，怎麼會被征討呢？肯定是有誤會。」石苞沒有出兵迎接，更沒有衝到司馬炎面前講理，而是採取了低調的策略。他打開城門，自己在都亭住下來等待司馬炎。司馬炎聽說這樣，便清醒了過來，並在後來盛情款待了石苞，以後也更加重用和信任石苞。

低調做事，要認真，要充分發揮自己的才能，這樣，你才會得到別人的讚賞。如果事情成功了，自然功成名就，那麼何必在做事之時就學麻雀，到處招搖，那不會有好結果的。低調做事，不能馬虎，應付了事，低調的背後隱藏的應該是你的睿智，你的光環和智慧，要在低調中做出成果來，才能不被埋沒。

低調做事，要堅守自己的原則，並學會隨機應變。在這個社會中，低調的人永遠都有立足之地，以一顆平和的心態處世，你自然會得到別人的讚賞與擁護，即使別人因此嫉妒你，也不會影響你分毫。只要把你的全部精力放在自己的事情上，那麼就不會有時間去向別人炫耀。所以，一個睿智的人並不需要刻意低調。如果你不能低調，那麼試著去低調，久而久之，低調便會成為一種習慣。不要擔心會被埋沒，有付出終有回報，是金子總會發光，相信有朝一日你也必定會沖向雲霄，像鷹一樣在空中翱翔。

7 做事要懂得知足

「知足常樂」這句話出自《老子》：「禍莫大於不知足，咎莫大於欲得，故知足之足是大足矣。」這是很多人耳熟能詳的一句話，但是也有很多人對此不以為然。他們認為知足就是滿足現狀，這樣便會導致在思想上不思進取，他們認為，知足常樂只能給現代的社會帶來各種弊病，不利於現代社會的發展。知足不是滿足，知是知道，也就是說，一個人應當知道滿足，不應該一味地索取和盲目前進。不能把知足理解成狹義的滿足。

做事情要懂得知足。要知道小不忍則亂大謀，做每件事情都要有個分寸。歷數歷史上的暴君，哪個不是因為索取無度而導致王朝的覆滅呢？商紂橫徵暴斂不知收斂；秦始皇得到天下卻不滿足，政治無道，自取滅亡；隋煬帝繼承皇位遊山玩水，大興土木。不知足，你的慾望就像是一個無底洞，怎麼填都填不滿，這時你會想盡方法地滿足自己，就會鑄成大錯！

當你因不知足而去努力得到你想要的東西時，你就要想一想：你的初衷是什麼？是否有必要做多餘的事？還是在初衷的基礎上再進行努力？知足者常樂，貪婪只會讓你身心俱疲。做大事者，當以仁當先，成小事者，應該有自己的準則。每個人都應該懂得約束自己，這樣才不至於被慾望沖昏了頭腦。知足就可以給你帶來快樂的感覺，這也是人們所追求的；知足就是對自己的認同，這樣你才能夠更加自信；知足不會妨礙你繼續前進，看得高、望得遠固然很好，但是，你也不要忽略了眼前的美景。

一個商人在海邊看著一個漁夫伐著一艘小船靠岸，小船上有很多魚。這個商人對其恭維了一番後問：「抓這麼多魚要多長時間？」漁夫說：「一下子就抓到了。」商人問：「那你為什麼不多抓一些？」

漁夫不以為然地說道：「這已經夠我們一家人生活的需要了。」

商人又問：「那你剩下的時間做什麼？」

漁夫說：「每天睡覺睡到自然醒，出海抓幾條魚，回來跟小孩子們玩一玩，睡個午覺，喝點小酒，然後和朋友一起開心地聊聊。我的日子可是充實而又忙碌呢！」

商人不以為然，就說：「我是美國哈佛大學的企業管理碩士，我倒是可以幫你忙。你可以多捕一點魚，然後買條大船，就可以多抓魚，然後你就可以擁有自己的漁船隊，直接把魚賣給工廠，你還可以自己開一家工廠，你就可以離開這個小漁村，到世界各地擴充你的企業。」

漁夫問：「這要多長時間呢？」

商人說：「十五到二十年。」

「那然後呢？」漁夫問。

商人大笑說：「你就可以賺很多很多的錢，然後就可以退休了。搬到海邊的小漁村去住，過著悠閒的日子，每天睡覺睡到自然醒，出海隨便抓幾條魚，跟孩子們玩一玩，隨時和朋友聚會，開心地度過自己的生活。」

漁夫疑惑地問：「我現在不就是這樣嗎？」

商人問：「這樣的生活你很開心嗎？」

漁夫說：「我對我的生活很滿足，也很開心。」

知足就是快樂，就像這名漁夫，雖然他沒有大船，一次不能捕許多的魚，但是他卻很會享受生活，他過得很幸福、快樂，你能說他的選擇是錯的嗎？當然不能。

所謂知足者常樂，並不是不思進取，君子有所為有所不為。對於事業我們應該孜孜以求，但是每個人都有每個人的價值觀，當我們做的事情符合價值觀時，就會在心理上產生滿足感，這時我們就要知足，而不是過度地鞭策自己。否則，你就感受不到你所取得的價值。對於名利上的事情，大可不必計較，還是隨遇而安比較好。

培根曾說：生命是一條美麗而曲折的幽徑，路旁有妍花、麗蝶，累累的美果，但我們很少去停留觀賞，或咀嚼，只一心一意地渴望趕到我們幻想中更加美麗的、豁然開朗的大道。然而在前進的征途中，卻逐漸樹影淒涼，花蝶匿跡，果實無存，最後終於發覺到達一個荒漠。要想有一個好的心情，就必須學會欣賞自己，欣賞自己已經取得的成功，欣賞圍繞在自己身旁的鮮花，而不是只看到前方的美麗，也不是把期待放在遠方。

這個世界，物質資訊太多，誘惑太多，人們如果不控制好自己，便會有太多的慾望，如果這些慾望無法填滿，那麼就會心生痛苦。一個不滿足的人，總是抱怨自己不幸的人，總是用自己的慾望去折磨自己並且折磨別人的人，怎麼可以享受到人生的快樂呢？又怎麼會明白人生的意義呢？懷有一顆平常心吧，這樣，你就可以在平時生活的小事中去發現快樂，得到滿足。佛蘭克林說：「對不知足的人，沒有一把椅子是舒服的。」所以，學會知足吧，這樣你才能感覺更加幸福。

8 能吃苦才能成就偉業

古人云：吃得苦中苦，方為人上人。在古代，在科舉制度下的寒室學子，通常是「十年受盡窗前苦，一舉成名天下聞」。雖然並不是每個吃苦的人都能有所成就，但是不吃苦就一定不能有所成就。吃苦的背後，你要有光明的理想，要有你自己的抱負，如果沒有這些，那麼，即使是吃了苦，也不會有多大的回報。你沒有一個既定的目標，沒有一個清晰的計畫，不知道你能從這些苦中得到什麼，那麼，成就事業也就無從談起。

我們都知道一句話：故天將降大任於斯人也，必先苦其心志，勞其筋骨，餓其體膚，空伐其身，行弗亂其所為，所以動心忍性，曾益其所不能。苦難都是成功前的墊腳石，它能磨練你的意志，讓你更具有韌性。古詩云：梅花香自苦寒來。世界上的事情，從來都是一分耕耘一分收穫，如果你總是怕吃苦，想著安逸的生活，那是成不了什麼事的。環顧你周圍有成就的人，哪個不是吃得苦中苦，才能獲得成就的！「自古英雄多磨難，從來紈綺少偉男。」能吃苦，吃一陣子苦；不能吃苦，吃一輩子苦。

很多人都是從小便養尊處優，上學時家人呵護備至，工作時又有人給安排，幾乎沒有吃苦的機會，就算是有機會，他們也會逃避，甚至讓別人給他們處理，這樣的人又怎麼能擔任大業？溫室的花朵是經不起風雨的，只有敢於吃苦，才能讓自己在生活中變得堅強起來。吃苦是好事，這不僅有益於現在的學習，於將來也有莫大的益處。中國人之所以讚美苦難，是因為苦難能磨練一個人的意志，從而讓一個人變得堅強和偉大。現實的苦難永遠都不是一件浪漫的事情，現在的「成功人士」在過去都是一無所有，白手起家的，他們忍辱負重，任勞任怨，最終才成就大業。

范光陵先生是一個詩人、企業管理碩士、哲學博士、電腦專家。從他身上可以看出，如果一個人要想有所成就，就必須吃得常人所不能吃的苦。

他剛畢業到美國時，在一家小餐館打雜工，每天工作十一個小時，一週六天。他做著餐館裏最髒最累的工作，倒垃圾、刷廁所、洗碗盤、切洋蔥、剝凍雞皮……他每個月忙得像個陀螺一樣，但是他的月薪只有二百八十美元。餐館裏所有的人都是他的上司，誰都可以對他指手畫腳，動輒訓斥或者故意作弄他。

他忍受著這一切。後來他拿著賺來的錢，上了大學，念了研究所。最終他成就了自己的事業，圓了自己的夢，實現了自己的理想。

他在美國獲得斯頓豪大學的企業管理碩士、猶他州立大學的哲學博士，後來專攻電腦，很早就寫了《電腦和你》一書。他推動成立電腦協會，舉辦電腦講座，召開電腦國際會議，到處發表關於電腦的演講。由於他的突出貢獻，泰國國王親自給他頒發「泰國國王電腦獎」成就獎，英國皇家學院授予他國際傑出成就獎。

苦難能夠提升一個人的精神品質，增強自我實現的能力，鍛鍊自己的意志。不是所有的苦難都能轉化為一個人的動力，首先你本身要具有非凡的毅力，你才能在苦難中更加堅定自己的信念，擺脫生命中碌碌無為的想法，也才能讓你的努力更有意義，用經歷的苦難來成就你偉大的目標，這也是很划算的一件事情。

在我們的一生之中，會遭遇無數的坎坷，從我們降臨到這個世界上的那一刻起，就註定要經歷各種各樣的磨難，是故天降大任，只看你能不能在磨難中得到提高。如果把人生比作一次旅行，走在康莊大道固然讓自己輕鬆自在，但是走至崎嶇的地方，既可以鍛鍊你的意志，又可以讓你欣賞到更美的風景。

在《遊褒禪山記》中，王安石寫道：「夫夷以近，則遊者眾；險以遠，則至者少。而世之奇偉、瑰怪、非常之觀，常在於險遠，而人之所罕至焉，故非有志者不能至也。有志矣，不隨以止也，然力不足者，亦不能至也。有志與力，而又不隨以怠，至於幽暗昏惑而無物以相之，亦不能至也。然力足以至焉（而不至），於人為可譏，而在己為有悔；盡吾志也而不能至者，可以無悔矣，其孰能譏之乎？此餘之所得也。」所以，有志之人能吃得苦中苦，必能成就大業！

9 受得了委屈才能出人頭地

宋仁宗嘉祐二年，蘇軾、曾鞏、程顥等各路才俊都參加了科舉考試。判卷的是大家歐陽修、梅堯臣等。當梅堯臣閱卷時發現了一份題為《刑賞忠厚之至論》的佳作，於是馬上讓歐陽修看。歐陽修看完之後也連呼妙哉，他覺得文章樸實無華、清新自然。當下就說，第一名非此人莫屬。但是他們都不知道該文章是蘇東坡所做，由於當時考卷實行糊名制度，歐陽修便猜測這等妙文出自何人之手，最終認為是出自自己的得意弟子曾鞏。但是歐陽修想若是把第一名給曾鞏，那恐怕會有「以權謀私」的嫌疑，所以他決定忍痛割愛，委屈一下自己的弟子，給他第二名。誰知道放榜時，歐陽修才發覺自己委屈的不是曾鞏，而是蘇東坡。但是對於蘇東坡而言，能得第二名就已經喜出望外了，於是他便激動地寫信給兩位考官，以此來表達自己的感激之情。歐陽修讀後感慨道：「讀軾書，不覺汗出，快哉快哉！老夫當避路，放他出一頭地也。」從此也便有了「出人頭地」一詞。

可見，出人頭地一詞最早就是和委屈一詞有著莫大的關聯。在現今的社會中，要想求得生存與發展，就必須要學會忍耐，這樣才能讓自己成為一名出類拔萃的人物。但是在忍受委屈的同時，還要不斷地學習，不斷求得上進才行，所謂工欲善其事，必先利其器。只要你有理想，有抱負，那麼你就要具有敢闖的勇氣，就必須在奮鬥中受得委屈，在委屈中奮發。宋代蘇洵曾說：「一忍可以制百辱，一靜可以制百動。」可見無論什麼時候，忍字都是成功者必備的素質。

劉備是何等人？劉備受得了委屈。劉備歸附曹操之後，便每日在許昌的府邸種菜。當時張飛說他「行小人之事」，也正是因為劉備受得了這種委屈，才能在日後成大事。都說死要面子活受罪，但是如果劉備受不得委屈，那麼也不會有三國鼎立的局面。人要想受得了委屈，就必須先放下自己的面子。曹操又是怎麼做的呢？有一次，張松去給曹操獻西川的地圖，就想先試探一下他。曹操領他到演兵場，說：「你川中有這樣的英雄人物嗎？」張松說：「蜀中不曾見此兵革，但以仁義治人。」曹操非常生氣：「吾視天下群雄如草芥耳。大軍到處，戰無不勝，攻無不取，順吾者生，逆吾者死。你知道嗎？」

張松故意說：「丞相你驅兵到處，戰必勝，攻必取，張松素知。昔日濮陽攻呂布之時，宛城戰張繡之日；赤壁遇周郎，華容逢關羽；割須棄袍於潼關，奪船避箭於渭水。此皆無敵於天下也！」

曹操大怒道：「你這小子怎麼敢揭我短處！」隨即喝令左右推出斬之。楊修和荀彧苦勸諫，這才讓張松免於一死。

張松見曹操連這等委屈都受不了，後來就把地圖獻給了劉備。有了地圖，西川唾手可得，然而曹操卻因為要面子而白白失去了機會。

當你受到委屈時，要學會克制自己的情緒，要知道現在受點委屈，是為了更好地面對將來，你不可以被現在的利益所左右，一時的委屈算不得什麼。做人當胸懷大志，要有遠大的目標，不可以糾纏眼前的小利，否則，便會因小失大。

文王被拘於羑里時，受盡委屈和折磨。紂王在羑里駐兵，在通往羑里的路上也有層層關卡。文王的兒子也不讓接近。文王身居囹圄，不得自由，白天看不到太陽，黑夜看不到月亮，過著暗無天日的日子。人們都說西伯侯是聖人，能知過去，測未來。於是，紂王把文王的長子伯邑考烹為羹，送給文王吃。文王在紂王淫威的逼迫下，忍痛將羹吃下。紂王聞知，嘲弄地說：「聖人當不食其子羹。吃自己兒子煮成的羹尚且不知，誰說他是聖人呢？」文王食羹遂又吐出，吐出之物後人稱之為「吐兒堆」。文王這樣對紂王說：「父有不慈，子不可以不孝；君有不明，臣不可以不忠，豈有君而可叛乎？」於是紂王放鬆了對文王的警惕，放他回國。最終，周滅商。

在現代的社會中，做人不可太張揚，不要衝動。衝動和激動的人是委屈不得自己的，你不受委屈自然有人受，那麼你也就會遭到你身邊人的反感，何來出人頭地之說？做人要懂得低調，要學會自保，就要在遇事時懂得一個「忍」字。

10 避免患得患失的心態

子曰：「鄙夫可與事君也與哉？其未得之也，患得之。既得之，患失之。苟患失之，無所不至矣。」意思是說，可以和粗鄙膚淺的人一起侍奉君主嗎？在他沒有得到的時候，就害怕不能得到。當他已經得到的時候，又害怕失去。如果他害怕失去的話，那麼他就什麼事情都能做得出來。可見，患得患失不是一個好的心態，這可以讓人無所不用其極，以達到他自己想要得到的目的，這是一種病態心理。於人於己都不是好的現象，應當避免患得患失的心態，才能不偏不倚，做好事情。

美國著名高空鋼索表演者瓦倫達在一次重大的表演中，不幸失足身亡。事後，他的妻子說，我就知道，這一次是一定要出事的，因為他在上場之前，總是不停地說：「這次太重要了，我不能失敗，絕對不能失敗。」而他以往不是這個樣子的。每次表演之前，他只是想著走鋼索，並為此而專心作準備，根本就不管其他的事情，更不會擔心成功或是失敗。後來，人們便把這種專心做事，而不是患得患失的心態叫做「瓦倫達心態」。

患得患失是人生中最常見的心理隱患，是套在人身上的精神枷鎖，是人類心理陰暗的一面。要想驅除陰暗，就要找到人生光明的一面。這就是你的理想、追求，要熱愛生活，有一個積極樂觀的人生態度。這樣，你才能丟掉思想的包袱，解開精神的枷鎖，走出患得患失的陰影。

有一本心理學的書提出「目的顫抖」的概念，意思是說在做事的時候，如果你的目的性太強，那麼反而難以成功。比如說，你在穿針引線的時候，如果你緊緊捏住線頭，然後瞇起眼對準針眼湊過去，手卻不由自主地顫抖起來，線穿歪了。太想穿好針的手在顫抖，太想踢進球的腳在顫抖，這就叫「目的顫抖」。顫抖產生的原因是你對目的太在意了，過度的「目的性」和過度的緊張，就會出現患得患失的心態，最後導致事與願違。

后羿立射、跪射、騎射樣樣精通，有著一身百步穿楊的好本領，幾乎箭箭中靶心，幾乎從未失手。夏王也從左右的嘴裏聽說了他的本領，也親眼目睹過。有一天，夏王就想把后羿召進宮裏來，單獨給他一個人好好表演一番，好盡情領略他爐火純青的射技。

於是，夏王便命人把后羿召來，就立即帶他去了御花園。叫人拿來了一塊一尺見方，靶心直徑大約一寸的獸皮箭靶。用手指著說：「今天請先生來，是想請你展示一下您精湛的本領。這個箭靶就是你的目標，為了使這次表演不至於因為沒有競爭而沉悶乏味，我來給你定個賞罰規則：如果射中了的話，我就賞賜給你黃金萬兩；如果射不中，那就要削減你一千戶的封地。現在請先生開始吧。」

這時，一向鎮定的后羿變得緊張起來，呼吸也愈加急促起來，拉弓的手微微顫抖，仔細瞄了幾次都沒敢把箭射出去。終於后羿下了決心，他鬆開弦，箭應聲而出。「啪」地一下釘在離靶心足有幾寸遠的地方，后羿臉色一下子白了。他再次彎弓搭箭，精神卻更加不集中了，射出的箭也偏得更加離譜。

這個神箭手后羿平時射箭百發百中，但是今天為什麼就大失水準了呢？手下解釋說：「后羿平日射箭，都在一顆平常心之下，水準自然可以正常發揮。可是，今天他射出的成績直接關係到他的切身利益，叫他怎能靜下心來充分施展技術呢？看來，一個人只有真正把賞罰置之度外，才能成為當之無愧的神箭手啊！」

患得患失，過分計較自己的利益，那你就很難獲得成功。所以，不管做什麼事都應該保持一顆平常心，避免患得患失的心態。

諸葛亮說過一句話：非淡泊無以明志，非寧靜無以致遠。名利如過眼雲煙，人生一世，又何必為這兩個字患得患失，以至於自己也很痛苦，整日處在憂慮之中，生活鬱鬱寡歡。心中不安寧，沒有一塊淨土，就會被外界的紛擾所干預，麻煩和不幸也會接踵而來。當今時代急速發展，患得患失的人也越來越多，從容不迫的人越來越少，然而，如果你在痛苦和無聊，慾望和失望之間搖擺不定，那麼你就沒有真正幸福的一天。

11 臨淵羨魚，不如退而結網

《漢書．董仲舒傳》中說：「故漢得天下以來，常欲治而至今不可善治者，失之於當更化而不更化也。」古人有言曰：「臨淵羨魚，不如退而結網。」這句話是董仲舒勸說漢武帝改革舊制，徹底廢除舊法的事情。董仲舒認為漢朝沒有能完善制度，就是因為只有願望而沒有實際行動。如果想要成事，就必須養精蓄銳，韜光養晦，退而結網。

「臨淵羨魚，不如退而結網。」這一典故告誡人們，要達到目的，就要有明確的目標。如果沒有實現這一目標的必要手段，那麼，你的目的將是不切實際的。要想打漁，並且希望能夠多打到一些，就必須退而結網，這樣才能得到更多的魚。這裏的「退」，就是指在一定的條件下，先把你的目的隱藏起來，先去解決當前阻礙你的問題。就如同你要過河，先要解決船和橋的問題一樣。在生活中，有的人看到別人先富起來了，會有羨慕之心，這當然是人之常情，但光羨慕是不行的，應該去努力掌握致富的本領，探尋致富的途徑，這才是最根本和可行的，這就是「退而結網」。與其緊緊盯住別人的魚兒望洋興嘆，不如著手作準備，腳踏實地，方能一躍而起。

不能只看到別人的光輝，要懂得「道雖邇，不行不至；事雖小，不為不成」的道理。願望要靠實際行動才能實現，每個人都應該有理想，然後為之奮鬥，而不是空想。更重要的是，有持之以恆的精神，韜光養晦最終就能一鳴驚人。天上不會掉下餡餅，立志你就成功了一半，另一半就要靠你的實際行動來實現。也許有人說，即使做了也不一定行，還不如不做。如果你有這樣的想法，那麼你將一事無成。

可口可樂和百事可樂可謂是一對老冤家。他們在行銷史上一共打了一百多年，但是前面的七十年可謂壓力很大。在可口可樂強大的壓迫之中，百事可樂也曾三次上門請求可口可樂公司收購，但是可口可樂傲慢無理地拒絕了。這激怒了百事可樂公司的總裁古斯，後來，百事可樂終於成為可口可樂最大的競爭對手。

因為百事可樂的定位不準確，導致了其攻擊的效果很差。其中最有名的一次攻擊，是在二十世紀三〇年代美國經濟蕭條的時期。那個時候，百事可樂推出了一個廣告：「花同樣的錢，買雙倍的可樂。」但是價格戰只能在短期內奏效，當可口可樂把價格降下來之後，可口可樂又重新引領了市場。

百事可樂並沒有因此而洩氣。他們經過努力，養精蓄銳，終於找準了可口可樂戰略上的要點。可口可樂是傳統的、經典的、歷史悠久的可樂，它的神秘配方至今仍被鎖在亞特蘭大總部的保險櫃中，全世界也只有七個人知道保險櫃的密碼。所以當百事可樂找出針鋒相對的反向策略，從而把可口可樂重新定位為落伍的、老土的可樂時，百事可樂從此走上了騰飛之路。百事可樂的成功告訴人們，不要只羨慕別人的成功，只要你肯腳踏實地，退而結網，韜光養晦，最終，你將會一躍而起。

對於一件事，你不要只是一味地去看別人怎麼樣。要知道，只有自己親自去做，才有成功的機會，否則，不管你怎樣空想，它都不會變成現實。「退」是一種戰術，是一種戰略，目的是以退為進。「進」的前提是韜光養晦，厚積薄發，方法就是「結網」。金字塔也是由一塊一塊的石頭砌成的，沒有那一塊塊的石頭，又怎麼會有那麼雄偉壯麗的金字塔呢？沒有一步步的行動，你的遠大理想就不能變為現實，你的目標就不會實現。「不積跬步，無以至千里；不積小流，無以成江海。」「泰山不讓土壤，故能成其大，河海不擇細流，故能就其深。」「海不辭水，故能成其大；山不辭土石，故能成其高；明主不厭人，故能成其眾；士不厭學，故能成其聖。」這樣的句子何其之多，只要你腳踏實地韜光養晦，總有一天會成功！「臨淵羨魚，不如退而結網」，你要行動起來，不要再埋首於自己的幻想，從身邊的一點一滴做起，認真做好每件事，累積經驗，量變會達到質變，相信那一天不會太遠。

12 具有拿得起、放得下的胸懷

林語堂說：「懂得如何享用你所擁有的，並割捨不實際的慾念。」這就是拿得起放得下。這是一種胸懷，一種生活態度，更是學會生活的途徑。歌德說：「一個人不能永遠做一個英雄或勝利者，但是一個人能夠永遠做一個人。」生而為人，就要先學會做人，而要做人，就要懂得拿得起放得下的道理。否則，在這個慾望橫流的社會裏，如果你不懂得捨棄，那麼你的生活將是混亂不堪的。

有一個年輕人，他很羨慕別人有那麼多的土地。於是，他就請求農場主能夠給予他土地。這個農場主就對他說：「如果你想要土地，可以。但是你要達到我的要求。」年輕人說：「好。」於是，農場主就讓他在太陽剛升起的時候就往外跑，跑到最遠處，插上旗杆，只要他能在太陽落山之前趕回來，插了旗幟範圍內的土地就都歸他所有。年輕人很高興，於是他一大早就開始往前拼命地跑，在太陽就要落山之前趕了回來。由於他過度疲勞和興奮，跑回來便一下子栽倒在地上，再也起不來。人們埋葬了他。牧師指著他的墳說：「一個人需要多大的土地？就這麼大。」

在現代社會中，每一件事、每一個人都可能瞬息發生變化。面對殘酷的競爭和高難度的挑戰，只有做到拿得起放得下，才能快樂地生活，才能擁有一個豁達的心胸，坦蕩而從容不迫。

拿得起，就要有「有志者，事竟成，破釜沉舟，百二秦關終屬楚；苦心人，天不負，臥薪嚐膽，三千越甲可吞吳」的自信和勇氣；放得下，就要有「寵辱不驚，看庭前花開花落；去留無意，望天上雲捲雲舒」的心境和態度。

有這樣一首人們都很熟悉的詩：「菩提本無樹，明鏡亦非台。本來無一物，何處惹塵埃。」這就是拿得起放得下的豁達，它反映了一個人生命的品質和品味。這是一個人智慧的表現，只有這樣，你才能厚積薄發。就算是面臨人生重要的選擇，也能從容不迫，找到最合適的選擇。有得才有失，拿得起放不下，是愚蠢的人，是一個懦弱的人。

拿得起放得下是一種坦蕩的胸懷。在平淡的生活中，如果苦苦追求不到，那麼就要放下。這樣我們的生活才沒有煩惱，才能得到快樂。子曰：放於利而行，多怨。就是說，為追求利益而行動，就會生出很多怨恨。拿得起放得下，我們的心才能不被瑣事纏繞，而影響我們在實現目標之路上的心境；拿得起放得下，我們才能沒有奢侈的索求，名利皆是身外之物，心底自然也會純淨起來。君子坦蕩蕩，只有具備這樣的胸懷，才能在生活的道路上不被慾望的黃沙迷了眼睛，迷失了方向。

在金融危機時，據英國廣播公司報導，一名德國億萬富翁臥軌自殺身亡。原因是在金融危機時他的企業陷入了財政困境，他是一位從製藥業到水泥生產覆蓋面很廣的商人，是全世界最富的商人之一，阿道夫・默克爾。

金融危機對他的企業打擊很大，他的家人在他去世後說，全球金融危機導致他的公司陷入困境，使他精神崩潰，最終選擇了自殺。

很多時候，我們喜歡仰望億萬富翁，覺得他們很神秘。但是，當他們因為各種原因遭遇不幸時，人們就會感慨良多。很多人都想要功成名就，事業有成，但是在這個過程中，他們卻忽略了變幻無常的社會。很多人以為事情都能按照他們的意願去進行，久而久之，他們就少了一分豁達與胸懷。其實，把握在手中的東西並不一定就是牢固不破的，隨時都有可能失去。當失去的時候，就要放下。可是，很多人在自以為是很多年之後，通常都忘記了這個道理。

人的一生總有坎坷，風塵世界，歧路縱橫，山川草木，風花雪月，過眼即忘，悅目而已。然而很多人都執著於那些於自己無用的事物，癡迷於它們，求而不得，便輾轉反側；得之，便會覺得也不過如此，就不再重視。在這個世界上，有人整天愁眉苦臉，有人每天笑顏逐開，這就在於你對於身邊的事情是不是能夠拿得起放得下。人們的知識越豐富，懂得的越多，就會把事情想得越複雜；頭抬得越高，望得越遠，就越容易被腳下的石頭絆倒；人生的路走得越遠，獲得的成就越高，就越容易忘記人生本來的目的和意義。拿起簡單，放下難，但是只要你不被名利所牽絆，不被利益所左右，用一顆平和的心去看待世間一切，那麼，你就能擁有這樣一種胸懷——拿得起，放得下。

13 與其讓環境適應你，不如你去適應環境

子曰：君子不器。人是這個社會的一分子，每個人都要學會適應社會環境。適應，是為了生存。君子不應該像容器一樣僅僅局限於一方面，而是能適應各方面的要求。主動去適應社會，你才能隨時應對各種艱難的困境，才能體現出你在應對困難時堅強的意志力；主動去適應社會，你才能承受那些不可能改變的事情，然後以一種寬容的心態接受。

要想適應社會，先要改造我們自己。從實際出發，正確認識你所處的環境，不逃避不抱怨，並且試圖瞭解它。審時度勢，認真找到改變現狀最好的方法。只有先求得生存，才能談及其他。要有自己的主見，但是不要輕易發表自己的意見；要有自己的想法，但是不要輕易說出自己的看法。為了能夠更好地生存，你必須適應環境。環境不會偏愛某一個人，要知道，每一個人的成功都是靠自己的努力得來的。對於自身的弱點和局限要有一個清醒的認識，要有自知之明，揚長避短，不會可以學，這樣才能適應社會的不斷變化。一個人在社會中生存的過程，就是塑造自己的過程。

一位到澳大利亞留學的學生，一天他看到了澳洲電信公司的招聘啟事，便選擇線路監控員的職位去應徵。經過幾次篩選，在最後一關，招聘主管卻提出了一個問題：這個工作要經常外出，你有車嗎？會開嗎？機不可失，他對招聘主管的問題作了肯定的回答。主管很滿意，說：

「四天後開車來上班。」為了生存，這位既沒有車又不會開車的留學生，毅然決然向朋友借了五百澳元，從舊車市場買到了一輛便宜的車，以超常的毅力學理論、學規則、學開車。第三天就能駕車上路了；第四天他真的開著車去公司報到。現在，他已是「澳洲電信」的一名業務主管。顯然，他選擇了適應這個社會，而不是讓環境來適應他。那麼，他也就成功地塑造了自己，使自己成為一個有用的人。

物競天擇，適者生存。達爾文這樣說過。在達爾文的日記裏記述了這樣一件事。十九世紀三〇年代，達爾文到了一個非洲的原始部落。那裏的人愚昧落後，沒衣服穿，住在山洞裏。他們把年老的婦女趕進深山老林，讓她們自生自滅；在沒有食物的情況下，將嬰兒和小孩分而食之。他決心改變這個現狀。他高價買回了一個小男孩帶回去。十六年後，這個孩子長大成人，成為了一個「文明青年」，達爾文把他送回了家鄉，希望他能改變那個部落。一年後，達爾文舊地重遊，想看看自己精心培養的青年是不是改變了那個原始部落。結果，當他問及那個青年時，部落首領說把那個青年吃了，並說：「他什麼都不懂，什麼都不會做，我們留他何用？」最後，達爾文在日記裏寫道：「一個人的願望和他所希望得到的結果並不成正比。一個種族遺留下來的疑難問題，絕不是依靠一個或幾個『文明人』就可以解決的。從野蠻進化到文明，這其中是一個痛苦而漫長的過程，欲速則不達。社會上每個人都應當適應自己周邊的生活環境，否則，哪怕他再高明，都將被淘汰。適者生存啊。」

托爾斯泰說：「世界上只有兩種人：一種是觀望者，一種是行動者。大多數人都想改變這個世界，但沒有人想改變自己。」社會生活變化萬千，其中唯一不變的定律就是「適者生存」。不適應的人必然會遭到社會的淘汰。柏拉圖告訴弟子自己能夠移山，於是弟子們都紛紛去向他請教方法。柏拉圖笑道：很簡單，山若不過來，我就過去。弟子們不禁啞然。世界上根本沒有什麼移山之術，唯一能夠移動山的秘訣就是：山若不過來我便過去。同樣的道理，人不能改變環境，那麼就改變自己。每個人的生存環境不同，就決定了他所掌握的技能有所不同。如果你想在某一個地方生存下去，就要熟知整個地方所需要的技能，然後努力學習這些，那麼你才能在這個地方生存下去，否則，便會被淘汰。生活就是這個道理，需要我們慢慢知曉其中的奧妙，然後接受生活，理解生活，才能在生活中遊刃有餘，不被生活的磨難嚇倒。

一個哲學家搭乘一條小船過河。他問漁夫：「你懂數學嗎？」

漁夫說：「不懂。」

哲學家問：「懂物理嗎？」

漁夫說：「不懂。」

哲學家問：「懂化學嗎？」

漁夫說：「不懂。」

哲學家感歎：真遺憾！你失去了一半的生命。

這時突然刮起了狂風，小船翻了，他們都掉進了水裏。

漁夫對哲學家喊：「先生，你會游泳嗎？」

哲學家回答：「不會。」

漁夫說：「很遺憾，你將失去整個生命。」

CHAPTER 9

做事要有好技巧

Have good work skills

做事情也有技巧！條條大路通羅馬，在做事時要選擇一條捷徑，才能又快又好地完成；要找對方法才能攻無不克，戰無不勝；要學會管理自己，審時度勢、因地制宜，才能取得好成效！

1 選對方向做對事

德國著名作家席勒曾說：「一個人只有從事自己感興趣的工作，才能取得非凡的成就。」席勒本來在斯圖加特的軍事學校學習，但是他並不熱衷於這一行業。他喜歡文學創作，於是他就私下創作了第一部劇本——《強盜》。他十分厭煩學校的管理，對於作家這個職業很是嚮往。他冒著可能衣食無著的危險開始進行他的創作，後來，他幸運地得到一位善良女士的幫助，並很快創作出了其他幾部偉大的戲劇。所以，只有選對方向，才能做對事情。

每個人都應該根據自己的特長來選擇做事的方向，這樣你才能最大限度地發揮自己的能力。不要抱怨環境和條件，當你感覺到乏味、枯燥時，不妨換一種你喜歡的方法；當你對你所做的事情沒有興趣時，不妨找到你喜歡的事並為之努力。

胡適在考取公費留學後，他的哥哥為他送行，臨行前哥哥對他說：「賢弟，家道中落，你出國要學一些有用的東西，當以復興家業，重整門楣為己任。你去學開礦或者是修鐵路吧，這些學科比較容易找到工作。不要學一些沒有什麼用處的東西，像文學和哲學之類的，那些找不到工作。為了家業，賢弟一定要努力啊。」當時胡適回答他哥哥說：「好的。」上船之後，胡適想，自己對開礦沒有興趣，對鐵路也不感興趣。乾脆就學農學吧，對社會有用，工作也還好找，也許將來還會對國家和社會有所貢獻。於是，他學了一年的農學，雖然各門的成績都還不錯，但是他對這些真是沒什麼興趣。他決定重新選課，但是這時候他又犯難了。是聽哥哥的話，還是選擇自己喜歡的呢？最後他還是根據自己的興趣選擇了文學和哲學。在康乃爾大學的文學院，他主修了哲學，副修政治、經濟和文學。在這個時候，他的學業有了一個歷史性的轉折，也為以後的成功打下了基礎。

三百六十行，行行出狀元。社會需要每一行每一業的人，所以，對於社會的需要，其實你並不需要考慮太多。在選擇自己人生方向的時候，你要根據自己的特長來確定。胡適還打了個比方說：譬如一個有著寫詩天賦的人，不進中文系學寫詩，而偏要去醫學院學外科。那麼，文學院便失去了一個一流的詩人，而醫學界卻只是多了一個三、四流甚至是五流的飯桶外科醫生。這是國家的損失，也是他自己的損失。

一位年輕人在田野間散步，他發現老農新插的秧苗排列非常整齊。他就好奇地問農夫，農夫並沒有回答，而是讓他自己取一把秧苗自己去插。

年輕人捲起褲管喜滋滋地插完一排，回頭一看，竟歪歪斜斜地慘不忍睹。他就去請教農夫，為什麼會是這種情況？農夫終於說：「你插秧的時候，眼睛一定要盯住一樣東西。」於是年輕人就照做了。可是他插下的秧苗依然是一道彎曲的弧線。農夫便問他：「你盯住一樣東西了嗎？」

年輕人回答說：「盯住了啊！那邊吃草的大水牛，那可是一個大目標啊！」

農夫搖搖頭說：「水牛邊走邊吃草，你插秧是不是也跟著移動？」

這位年輕人恍然大悟，這次他就選定了一棵大樹。

可想而知，這位年輕人插下的秧苗雖然不一定能和農夫相比，但是肯定也會是直直的一排了。

做事情只有選對了方向，才能有所成就，最終獲得成功。有時候，並不是你的堅持錯了，而是你的方向不對，走的路不對。想要選對方向，你就問自己喜歡什麼，想做什麼，有沒有捷徑。當遇到障礙時，要反思一下是不是自己方向錯了，要及時掉轉回頭，才能保證自己的正確方向，做對事情。

很多時候，我們做一件事情的時候都沒有明確的目的和方向，就是因為我們對於自己沒有一個清醒的認識。我們在給自己一個正確的定位時，要全面地瞭解事情的各個部分，然後抓住事情的關鍵，找到正確的位置，用一個正確的方法進行突破，那麼你就能在這件事情上大獲全勝。

2 方法總比問題多

有四個行銷員接受了把梳子賣給和尚的題目。第一個行銷員空手而歸，他認為廟裏的和尚不需要梳子，所以一把也沒賣掉。第二個行銷員賣了一把梳子，因為他遇到一個和尚在撓頭，於是他就告訴這個和尚，用梳子會止癢。第三個行銷員賣了幾十把。因為他勸說廟裏的和尚：你們這裏很多來祭拜的人，他們的頭髮會被風吹亂，這樣對佛祖就不夠恭敬，你在前面放上梳子，讓他們梳完頭再拜祭，這樣是對佛祖的尊重。第四個人賣掉了幾千把梳子。他到廟裏直接找到方丈說，廟裏經常接受人們的捐贈，就得回報大家，梳子就是最好的禮品。您可以在梳子上寫上廟的名字，告訴大家這是積善梳，可以保佑人們，這樣廟裏的香火就會更加旺盛。

可見，每個人都有成功的機會，但是面對困難和挫折，有的人選擇了逃避，有的人卻是勇敢地面對。只是每個人處理的方法不同，於是得到的成效便不同。有的人缺乏自信，沒有毅力，對於自己沒有一個正確的認識，不能很好地肯定自己，這樣，碰到問題的時候就會畏首畏尾，認為這不是屬於自己能力範圍之內的事情，便決定放棄。有的人，相信自己的智慧，並善於動腦筋，於是就會認真地想解決問題的辦法，竭盡全力，最終就會取得很大的成果。

在日本松下公司有這樣一段話：「如果你有智慧，請你貢獻智慧；如果你沒有智慧，請你貢獻汗水；如果你兩樣都不貢獻，請你離開公司。」這裏的智慧指的就是方法。做事，首先就要講方法。正視問題，不懼怕困難，運用各種方法找到解決問題的方法，比如換位思考的方法、逆向思維的方法、加減的方法、類比的方法、從分析細節入手的方法、轉換問題的方法等等。

有一位叫康妮的小姐被美國汽車公司製造的一輛卡車撞倒，導致康妮截去了四肢，骨盆也被碾碎。美國汽車公司被告上了法庭。但是，康妮小姐說不清楚當時自己是在冰上滑倒摔入車下，還是被卡車捲入車下。於是，對方的辯護律師馬格雷就利用了這些證據，巧妙地推翻了當時幾名目擊者的證詞，康妮小姐因此敗訴。

深感絕望的康妮向律師界鼎鼎大名的詹妮弗．派克求援。詹妮弗很同情康妮的遭遇，於是就開始調查這家汽車公司近五年來的車禍，原因竟然完全相同：該汽車的制動系統有問題。緊急剎車的時候，車子的後輪會打轉，以至於把受害者捲入車底。詹妮弗決定為康妮討回公道。她找到對方的辯護律師馬格雷說：「卡車的制動裝置有問題，你故意隱瞞了這個事實。我希望汽車公司拿出二百萬美元來給那位受害者，否則，我們將會提出控告。」

聽了詹妮弗的質疑，馬格雷這位有經驗的律師並沒有反駁，他說：「好吧。不過我明天有事要去別的地方，一個星期後才能回來，到時候我們再說。」

詹妮弗想，只要對方肯談就有希望。可是約定的時間到了，整個上午馬格雷都沒有露面。詹妮弗恍然大悟，原來訴訟時效今天到期。詹妮弗很生氣，直罵馬格雷卑鄙。她忽然想起這家汽車公司在美國各地都有分公司，為什麼不利用時差把訴訟的地點向西移呢？隔一個時區就差一個小時啊！位於太平洋上的夏威夷在西十區，與紐約的時差整整有五個小時，詹妮弗立即決定在夏威夷起訴。

就這樣，詹妮弗以事實贏得了這場官司。最後，這家汽車公司賠償康妮小姐六百萬美元的損失費。

有時候，也許找到解決問題的方法並不容易，但是方法總是有的，只要你肯用心去思考。要知道，一個問題總是有無數種解決的方法，只是你還沒有找到而已。弄清楚問題到底是什麼，看清它的本質，以及問題的現狀原因和解決問題的目標到底是什麼。只有把問題分析透徹，才能找出合適的方法。不要逃避困難，更不要懼怕它！困難只是「紙老虎」，沒有解決不了的問題，只有缺乏解決問題的勇氣。在做一件事情時，只要你肯邁出一步，那麼你就會發現，其實問題並沒有你想像中的那麼難。當你下決心去解決這個問題時，很多方案就會出現在你的腦海裏，方法總比問題多！

3 方法找不對，事倍功半

《孟子・公孫丑上》裏有一句話：「孔子曰：『德之流行，速於置郵而傳命。』當今之時，萬乘之國行仁政，民之悅之，猶解倒懸也。故事半古之人，功必倍之，惟此時為然。」孟子的意思是說，在當時，你只有施行仁政，老百姓高興了就會擁護你，因此事情只要做到古人的一半，功效必定是古人的一倍。從中不難發現，只有做事情時抓住關鍵，才能費很小的力而獲得很大的收效。反之，事倍功半，也就是你付出很大的努力，然而收效甚微。

有這樣一則寓言：兩隻螞蟻想翻越前面一堵牆，尋找牆那邊的食物。牆長有二十多米，高有近百米，其中一隻螞蟻來到牆前毫不猶豫地向上爬去，辛苦地努力著向上攀爬。每當它爬到一半時就會掉下來，可是它不氣餒，從沒有放棄。它相信只要有付出就會有回報，它更相信只要堅持不懈，就會距離成功越來越近。每一次跌落下來，它都會調整一下自己，為下一次的攀爬作準備。而另一隻螞蟻觀察了一下，決定繞過這段牆。很快地，這隻螞蟻繞過牆來到食物面前，開始享用起來，而那隻螞蟻還在不停地跌落下去又重新開始。

從上面的例子可以看到，在做事的時候應該選對方向，沒有一個正確的方向，就會做那麼多的無用功。很多時候，當我們在思想上面臨巨大的障礙時，常常會認為只要堅持就可以達到目的。於是就一直採用常規的直線思考的方式，儘量消除障礙，跨越障礙，但是，並不是所有的堅持都能奏效，不是所有的障礙都能因堅持而被克服。如果你不具備強大的力量和必要的條件，那麼你就要學會曲線思考。如果你付出了巨大的努力和代價，到最後也只是徒勞無功或者慘遭失敗的話，那麼你就要想別的辦法。

做對事情，除了要盡最大的努力來實現你的目標，更要認識自我，瞭解自己的缺點和弱勢。看問題時換一個角度，換一種思維和行為方式，設法避開你面前的障礙，也是一種智慧，一種做事的技巧。這樣，在你面前的障礙便起不了作用，不要讓其成為你在解決問題中的攔路虎。

這樣的方法也許不如直接去消滅障礙物那樣乾脆利落，所謂快刀斬亂麻，才是做事情的最高境界。但是如果不能那樣做呢？我們就會在這件事情上浪費更多的時間和精力。大量的事實表明，有的障礙不能這樣直接地進攻，而是要用曲線進攻的方式，迂迴漸進地設法避開障礙。這樣，常常能使一些本來需要付出很大代價的事情，得到輕鬆解決。

做任何事情都要選擇方向。適應事物發展有直也有曲，有進也有退，選擇一個更適合自己的方向，也許有了這個適合於自己的方向，成功來得比想像的更快。

在美國的企業中，流行著這樣一句話：上帝不會獎勵努力工作的人，只會獎勵找對方法工作的人。這說明美國企業對工作的方法很重視。找到一個好的做事的方法，應該成為你的一種習慣。把這種思路延展開來，那麼不論做什麼事，你都能夠敏捷地找出方法，做到事半功倍。

儘管做任何事情都要用心，要去努力，但是有時候，方向比努力更重要。很多人都把做事看得過於複雜，彷彿用盡渾身力氣，也無法達到完美；或者把做事看得過於草率，認為無章可循，無法可依。其實每件事情必有它的方法，這是一種技巧，是一門學問。在做事的時候，不管這個人多聰明，多有能力，但是，如果他不懂得做事的方法，他也不會成功。

《射雕英雄傳》裏有一個情節：黃蓉被一個巨大的海蚌夾住了腳，費了很大的勁也掰不開，結果抓了一把沙子放進蚌殼裏，蚌就自動打開了。因為，蚌最怕的就是細沙。所以，不管在什麼時候，都要抓住事情的關鍵，並找到具有針對性的方法，就可以減少勞動力，少做無用功，就如俗話說的一樣：鹵水點豆腐，一物降一物。每件事情的內部都暗藏玄機，你要做的就是找對方法，解開這個玄機。

4 做事剛柔相濟

剛是一種自信，一種力量；柔是一種風度，一種胸懷。昔日劉備在府邸種菜，以柔弱示人，三顧茅廬仍是以柔的方式請得諸葛亮出山，最終天下三分，取其一分，成為一方霸主。做事剛柔相濟，就是要求我們做事把握好分寸。這樣才能恰到好處地處理事情，化解現實的矛盾。古今中外，那些成功的人，他們在做事時都善於運用剛柔相濟的方法處理問題，能夠合理處理複雜的人際關係，以超然的態度面對得失和成敗。

在春秋末期，鄭國宰相子產就是一個注重策略，懂得做事剛柔相濟的人。鄭國本是一個小國，國力非常弱小，要想在那個大國林立的時期求得一點生存的空間，是件很不容易的事情。所以，增強國家的實力刻不容緩。

子產提倡振興農業，農業為萬事之本。接著他便興修水利，徵新稅，以確保有足夠的糧食和軍費供應。他採取以柔克剛，以柔為主，剛柔相濟的方法取得了很大的成功。

在剛開始徵收新稅時，人們怨聲載道，沸沸揚揚，不願意繳新稅，甚至還有人揚言要殺死子產，朝中很多大臣也都反對這樣做。但是子產毫不理會，也沒有做過什麼解釋，而是耐心地等待事情的發展趨勢。一切都由時間來證明。他告訴那些大臣和他身邊的人：「做事應當以國家利益為重，必要時要犧牲自己的利益成全國家的利益。我聽說做事應當有始有終。那些有始無終的人到最後必然一事無成，所以，我不會停止做這件事情的。」

因此，新稅還是照常徵收，但是子產採取了振興農業的方法，農業發展迅速，人們開始讚美子產。就這樣，子產一邊以柔的策略讓農民的收成得以增加，一邊對農民的抱怨視若無睹，而採用剛的方式對待，不久便取得了成效，使得人們都開始敬佩他。

子產在各地遍設鄉校，因鄉校言論自由，有些對政治不滿的人，往往把鄉校作為論壇進行政治活動。有的人擔心這樣會影響到統治，就建議取消這個組織。但是子產卻說：「這是沒有必要的，百姓做農事勞累了一天，到鄉校發發牢騷，談論一下政治是很正常的事情，這可以減少他們心中的憤懣之情。我們也可以作為參照，擇善而從，鑒證得失；若強行壓制，豈不如以土塞川，暫時或許會堵住水流，但必將招來更猛的洪水激流，沖決堤壩。恐怕那時我們就已經無力回天了。如果慢慢疏導，把水引入渠裡爾後分流而治。這樣不是更好嗎？」後來，那些人再也不提取消鄉校的事情了。

當一塊巨石落在棉花上面時，就會被棉花柔軟地包圍起來，而如果落在另一塊巨石上，就會撞出很大的火花，甚至會碎裂。剛烈的人，情緒就會比較容易激動，有時候做出的事便一發不可收拾。對這樣的人，如果硬碰硬，最後雙方都會有所損失。

諸葛亮說過這樣一句話：「善將者，其剛不可折，其柔不可卷，故以弱制強，以柔克剛。純柔純弱，其勢必削；純剛純強，其勢必亡；可柔可剛，合道之常。」意思是說，善於做統帥的人，他在剛強的時候不會折服，在柔弱的時候不會屈服，故以弱制強，以柔克剛。如果只有柔弱而沒有剛強的話，那麼他的實力就會被削弱；只有剛強而沒有柔韌的性質，那麼他就沒有什麼實力可言了。可柔可剛、剛柔相濟才是為帥之道，才可以稱得上是上策。

諸葛亮揮淚斬馬謖，就體現出了諸葛亮剛柔相濟的處世方法。諸葛亮和馬謖私交極深，馬謖失去街亭，使諸葛亮陷入兩難的境地。當時蔣琬等人曾勸諫諸葛亮寬恕馬謖的過錯，饒其一命：「天下未定而戮智計之士，豈不惜乎？」但是，軍令如山，他必須執行軍令，嚴肅軍紀。揮淚是諸葛亮「柔」的一面，斬就體現出了他「剛」的一面。諸葛亮做事一向有理有分寸，這都值得人們學習。

5 學會時間管理，效率至上

對於任何一個人來說，時間無疑都是寶貴的。但是，有的人卻不重視這樣一種重要而又稀缺的資源，如果你拋棄了時間，那麼時間最終也將拋棄你。在生活中，時間如流水，不肯停下一分一秒。有的人整日忙碌，卻總不能很好地完成任務，拖拖遝遝；有的人喜歡聊天，因此耽誤了正事；有的人面對繁忙的工作，不知道該從哪裡下手……

人生匆匆幾十年，難道你就甘心這樣庸庸碌碌嗎？難道你甘心看著生命的時間在你面前流過，卻無動於衷嗎？誰都想要自己的生命是與眾不同的，但是，你卻不重視時間，又何談不同？

現在面臨的問題就是如何充分地利用時間，這是我們每個人都必須認真面對並深入思考的問題。一天二十四小時，算一算你真正使用了幾個小時？人生最寶貴的兩項資產，一項是頭腦，一項是時間。無論做什麼事，如果不用這兩樣，你必敗無疑。一天二十四小時你能利用多少，你做事的效率有多高，這全在於你是如何管理這些時間的。管理時間，是一種技巧，如果你能掌握這種技巧，那麼，你收到的成效將是令人震驚的。

偉大的人物總是管理時間的典範，他們不肯浪費一分一秒，因為這對他們來說，是如此的重要。

美國首任總統華盛頓的部下，幾乎都領略過他嚴格守時的作風。約好的時間，他必定按時到達。

有一次，他的一位秘書遲到了兩分鐘，當看到華盛頓一臉的怒容後，這位秘書很不安，就趕緊解釋說，他的手錶不準。

華盛頓正色道：「你可以換一支手錶，我也可以換一位秘書！」從此，這位秘書再也沒有遲到過。

美國著名管理大師杜拉克曾說：有效的領導者不是從執行他的任務開始的，而是從管理自己的時間開始的。「不會管理時間，便什麼也不會管理。」杜拉克能夠清楚地認識到時間管理的重要性和必要性。現在，很多人都虛度光陰，大把大把地揮霍時間，他們不懂得時間的重要性，也不懂得「一寸光陰一寸金，寸金難買寸光陰」這句話的真正含義。揮霍時間的人是愚蠢的！愛因斯坦曾說，人的差別在於業餘時間。每個人每天的時間都是相同的，但是同樣時間內，人們學習、生活的品質和工作的效率卻大不一樣。這種差別在很短的一段時間內不是很明顯，但是時間一長，自然就分出高下。

學會管理時間，就要學會控制時間，學會思考解決問題的最快的方法，這需要智慧，所以，會管理時間的人是有智慧的人，他們知道該怎麼做，才能以最短的時間取得最大的成效。

「浪費，最大的浪費莫過於浪費時間了。」愛迪生常對助手說，「人生太短暫了，要多想辦法，用極少的時間辦更多的事情。」

有一天，愛迪生正在實驗室裏工作。他隨手遞給助手一個沒上燈口的空玻璃燈泡，對他說：「你量一下燈泡的容量。」然後，愛迪生又埋頭工作了。

過了很長時間，愛迪生問：「容量是多少？」但他卻沒有聽到回答，愛迪生轉過身來，看見助手拿著軟尺在測量燈泡的周長、斜度，並拿出紙筆要在桌上計算。愛迪生便生氣地說：「時間，時間，怎麼費那麼多的時間呢？」助手愣住了。於是愛迪生走了過去，拿起那個空燈泡，往裏面斟滿了水，然後交給這位助手，說：「把裏面的水倒在量杯裏，立刻告訴我它的容量！」

那位助手馬上便讀出了數位，告訴了他。

愛迪生說：「這是多麼容易的測量方法啊，它又準確，又節省時間，你怎麼想不到呢？還去算，那豈不是白白地浪費時間嗎？」

那位助手的臉立刻就紅了。愛迪生喃喃地說：「人生太短暫了，太短暫了，要節省時間，多做事情啊！」

學會管理時間，就要明白自己的時間都浪費在了哪裡，知道了就要儘快改正過來，做到合理有效地利用，你比別人多做一些，那麼你就比別人離成功更近一些。工作要講究效率，業餘時間也要合理利用，因為這流淌的每一分每一秒都是你自己的生命！蘇聯著名昆蟲學家柳比歇夫，二十六歲時創立了「時間統計法」。他堅持每天核算時間，將所用的時間一一記下來，一天一小結，每月一大結，年終一總結，從未間斷過。這樣的方法大大提高了時間的利用效率，最終，柳比歇夫在科學史、遺傳學、植物保護、哲學、昆蟲學、動物學等諸多領域，取得了非凡成就。所以，只有更合理地利用時間，才能達到生命中一個新的高度。只因為你用相同的時間，做了比其他人多的事情！

6 放遠眼光，不拘泥當下

在一九六七年的香港，社會很不穩定，投資者們對市場都失去了信心，房價暴跌。而李嘉誠卻趁機大量收購那些被地產商放棄的地盤。到了二十世紀七〇年代，香港對寫字樓的需求大幅回升，李嘉誠憑藉他過人的眼光和魄力，贏得了商場的勝利。在李嘉誠幾十年的商業生涯中，這樣的事情有很多，他獨特的長遠眼光，就是他成功的保證。

有兩個人，他們同時掉進了山洞裏，他們手中都有一個火把。其中一個人借著火把的光在洞中小心地行走，一路並沒有磕磕絆絆，走得很是平穩，不會被石塊絆倒；另一個人則拋棄了火把，他在黑暗中摸索，雖然不時碰壁，被石塊絆倒，但是，在一片黑暗中，他的眼睛能敏銳地感覺到洞口透過來的光，他迎著這縷微光爬行，最終逃離了山洞。

有時候我們只有放棄眼前的利益，不拘泥於當下，才能把眼光放得長遠一些，走出誤區，走近成功。會做事的人通常都有長遠的眼光，他們樹立目標，然後朝著目標不懈努力。偉大的人物，他們從來都不會計較當下的得失。李時珍寫《本草綱目》歷時三十年；馬克思著《資本論》用了四十年；宋應星著《天工開物》用了十八年；摩爾根著《古代社會》用了四十多年；徐霞客著《徐霞客遊記》用了三十多年；歌德寫《浮士德》歷時六十年。

如果他們只是拘泥於當下的利益，那麼，如今的人們就不會看到那麼多的經典著作。而他們之所以能夠名垂青史，就是因為他們的眼光長遠。我們的一生中總是有很多的夢想，有的夢想是遙不可及的。但是，如果你肯努力，肯堅持，那麼，你的理想就會實現，你的付出就會得到相應的回報。

詹姆·布拉德萊是格林威治天文臺的台長。有一次英國女王安妮去他那參觀，當她知道詹姆·布拉德萊的薪水很低以後，就表示一定要提高他的薪水。詹姆·布拉德萊的眼光看得長遠，他知道，這個職位的薪水一旦提高，那麼以後，這個職位上的人肯定就不會認真地研究天文學了。所以，他拒絕了女王的好意。

蘇聯作家法捷耶夫在二十九歲就登上了蘇聯文壇，他憑藉《青年近衛軍》一書，當上了蘇聯作協主席。自此以後，他忙著出訪、開會、作報告，就再也沒有寫出一篇小說。

一個具有戰略眼光的人，總是會站在長遠的角度想問題，從而制訂一個大的計畫和目標，然後付諸行動，最終都會取得成功。

范蠡是越國的大夫，西元前四九四年，越國被吳國打敗以後，范蠡陪越王勾踐在吳國做奴僕。最終，勾踐臥薪嚐膽，滅了吳國。回國後，范蠡高瞻遠矚，曾遣人致書文種，謂：「高鳥已散，良弓將藏；狡兔已盡，良犬就烹。夫越王為人，長頸鳥喙，鷹視狼步。可與共患難，而不可共處樂，子若不去，將害於子。」最終，文種沒有走，被勾踐賜劍自殺。而范蠡則急流勇退，放棄權位，得以保全自身。

范蠡到齊國，帶領家人墾荒種地，由於他聰慧的頭腦，因此也累積了巨額資產。當齊國國君知道他的時候，就想讓他做丞相。范蠡便攜家人隱退，並將財產散盡。最後隱居於山東定陶，號陶朱公。

做事要想成功，就一定要把眼光放遠，沒有誰的成敗得失是在一瞬間造就的。這些都是長期累積的結果。成大事的人，通常都具備深遠的策略和遠見卓識。你能看到別人看不到的，你能謀劃別人謀劃不到的，那麼，你就比別人先走一步，也就比別人更早地邁向成功。

在工地上有三個工人，他們都在陽光的照耀下砌磚。

一個陌生人上前問道：「你們是在砌磚嗎？」

第一個工人回答：「是的，我在砌磚。」

第二個工人答道：「是的。我在修建一幢房屋。」

第三個工人回答：「我在建造世界上最偉大的建築，它將聞名於世！」

很多年後，第一個工人仍然在工地上砌磚，第二個工人成為這個工人的上司，第三個工人則成了著名的建築師。

不畏浮雲遮望眼，自緣身在最高層。我們去做一件事，就要看到它長遠的發展方向。站得高，望得遠，把握事物發展的規律，看到它的本質，才能取得成效。如果一個人急功近利，不追求長遠的效益，只顧眼前利益，那麼他最終的結局，將如他的追求一樣，是短暫的。欲速則不達，不要為一時的利益而放棄長遠的利益，成功不是一朝一夕成就的，臺上一分鐘，台下十年功。如果你想成功，就要紮實基本功，否則，你的願望就會落空。只有不拘泥於當下的利益，你才會取得讓人羨慕的成功。

7 防患於未然，才能臨危不亂

《周易・既濟》中說：「君子以思患而豫防之。」《樂府詩集・君子行》：「君子防未然。」我們每個人做事都應當有防患於未然的意識，未雨綢繆，不要等到災難來臨時才手忙腳亂地處理。每件事情都有它的不確定性，因為一件事總不會只向你所想的那個方向發展。不管是在日常生活中還是在工作中，要時刻做好處理困難的準備，千萬不能掉以輕心，麻痹大意。

明代思想家朱伯廬的《治家格言》裏說：「宜未雨而綢繆，毋臨渴而掘井。」意思是說，在雨還沒到來之前，就應該做好防護措施，不要等到渴了以後再掘井。防患於未然是應對突發危機最好的防護牆。洪水未到先築堤，豺狼未來先磨刀。與其在災難來臨時採取補救措施，不如在之前就做好準備，我們每個人都應當居安思危，因為這個世界所有的事情都不是一成不變的。亡羊而補牢，不如防患於未然。如果在狼來之前就修好缺口，又怎麼會有損失呢？莎士比亞說過，人生就像窗外的天氣，充滿了不可預測的雷雨、暴風。要想在處處危機四伏的人生海洋中乘風破浪，航行到勝利光明的彼岸，就必須防患於未然，這樣在危險突然降臨時，才不至於手忙腳亂，一敗塗地。

二〇〇八年的金融危機讓很多大企業倒閉關門，然而對於那些時刻做好準備的企業，卻沒有受到很大的影響，比如微軟、耐吉、惠普。這場罕見的大風暴從美國華爾街出發，以迅雷不及掩耳之勢席捲全球。一時間，企業家們各自尋找自己的出路。金融危機所引起的多米諾骨牌效應，影響到許多實業公司的運作，尤其是那些現金流本來就窘迫的中小企業，由於失去呼吸的空間，窒息而亡。所以，你要在事先作好準備，這樣，面對災難你也就不會恐慌。

一天，一位客人看到主人家灶上的煙囪是直的，而且在旁邊還放了很多柴草。於是他找到主人，對他說：「你家的煙囪要彎一點，旁邊的柴草也要移開，否則將來可能會有火災。」主人聽了無動於衷。不久，他家裏果然失火，鄰居一起來救火。火滅了之後，主人設宴款待眾人，酬謝四鄰，被火燒傷的坐上席，其餘的按救火的功勞依次入座，但並沒有請當初建議他將煙囪改曲、把柴草移走的客人。於是就有人說：「如果當初聽那位客人的話，今天也不會這樣了。怎麼能忘記他的功勞呢？」於是，主人恍然大悟，立刻就請來了那位客人。

焦頭爛額者論功行賞，曲突徙薪者卻容易被人忽略。未雨綢繆，防患於未然的人都是智慧之人。因為根據事物的發展方向判斷它的結果的人，都是肯動腦筋的人。如果早些「曲突徙薪」，完全可以避免「焦頭爛額」啊！因此，你在做事情時，應主動研判事物的發展方向並作好相應準備，有先見之明才能防患於未然。縱觀歷史，那些沒有防患意識的人，最後的下場總是淒慘的。

東漢末年，孫策佔領了江東的全部領土，成為一時的風雲人物。當曹操和袁紹在官渡交戰時，他就準備襲擊許昌，妄圖拿下曹操的根據地。曹操聽到這個消息後，很是恐慌，但是他的謀士郭嘉卻告訴他：「孫策雖然佔據了江東的土地，但是他誅殺了很多英雄豪傑，他的部下因此都拼死效力。但是，孫策為人也有致命的弱點，遇事粗心大意，不加防備，儘管擁有百萬雄師，但是與孤身一人並沒有什麼區別。如果我們派一個刺客去殺他，他就對付不了。」孫策本人喜歡騎馬遊獵，他的謀士勸諫說：「您指揮著這些軍隊，他們也拼死效力，這是您的福氣啊！但是您喜歡暗地裏出行，將士們很是為您擔憂。古時白龍化成大魚在海裏遊玩，就被漁夫抓住；白蛇在山中爬行，就被漢高祖所殺。這些都是慘痛的教訓，希望您能小心行事。」

孫策嘴上答應，但是他並沒有聽從謀士的建議，依然我行我素，當他出兵襲擊許昌時，到了長江，還沒過江便被許貢的門客所殺，正如郭嘉預料的那樣。

郭嘉的遠見卓識和孫策的粗心大意形成了很大的對比，希望後人能夠以此為戒。防患於未然的難能可貴，不僅在於需要有高明的預見，而且在於這預見要受到重視而付諸實施。人們通常在災難來臨時才後悔當初沒有做準備，以至於如無頭蒼蠅，到處碰壁。提出高明之見的人有大智慧，承認和重視高明的預見也是智慧。你應當每時每刻都作好準備工作，才能做到臨危不亂，泰然處事。

8 出其不意，以奇制勝

《孫子・計篇》：「攻其無備，出其不意。」在敵人毫無防備時發動進攻，出其不意，就能克敵制勝。這是歷代兵家取勝的秘訣，也適用於你完成日常的工作任務。在做事時，出其不意，以奇制勝。出其不意，重在一個「奇」字。這就要求你有創新的思想，不能固守思維，應學會打破常規，養成用多種方法思考問題的方式，在思考中不斷想出新方法、新策略，只有這樣，才能圓滿地做好一件事情。古人作戰，通常就用出其不意的戰術，以至於給對方一個「驚喜」，這樣就能取得勝利。

秦朝末年，劉邦和項羽爭奪天下，劉邦一直處於下風。項羽是個高傲自大的人，目中無人。當韓信出道時，他本來先去項羽的帳下，因為當時項羽橫行戰場，一時很是風光。但是當時項羽因其自高自大，並沒有重用韓信，韓信很是失望，於是就投靠了劉邦。

韓信為劉邦立下了汗馬功勞，使得劉邦的部隊首先進入關中，攻進了咸陽。項羽的勢力在當時依然很強大，在他進入關中後，就開始逼迫劉邦退出，於是就有了歷史上著名的鴻門宴，劉邦險些喪命於項莊之手。但是劉邦也有防備，於是安然無恙地逃出了這場宴會。

經過這次危機後，劉邦自知不是項羽對手，便率將士退駐漢中了。為了給項羽製造假像，劉邦退走時還將漢中通往關中的道路全部燒毀，意思是他以後不會再來漢中。其實劉邦一天也沒有忘記要統一天下，擊敗項羽。

幾年後，劉邦在韓信等人的幫助下逐漸強大起來，而項羽因其孤傲，眾叛親離者甚多。已逐步強大起來的劉邦，派大將軍韓信出兵東征。出征之前，韓信派了許多士兵去修復已被燒毀的棧道，擺出要從原路殺回的架勢。

於是，項羽便派很多人在棧道各口嚴密監視，並派重軍防範。其實，這是韓信的一條計策，明修棧道，暗度陳倉。就這樣，他的計策成功地吸引了項羽部隊的主力，韓信便直接派大軍繞道陳倉，直取項羽所在地，平定了三秦，為劉邦統一中原邁出了決定性的一步。

「攻其不備，出其不意」才能克敵制勝，這也是宇宙間一切事物運行的普遍規律。唯有以發展的眼光看待問題，才能變化策略。出其不意的本質便是講求變化，不拘泥於固有的思想方法，不要模式化，聰明的人從來都不會一成不變，不懂得變換。悠悠七千載，上下五千年，這樣的例子數不勝數。在現在來說，就是要有創新的思維，擴展思維空間，讓別人猜測不到，這樣才能在做事時轉敗為勝，化無利為有利，從而走向成功。

三國時期，曹操採納龐統的連環計，命人把大小戰船用鐵鏈連環起來，他的謀士程昱對他說：「船皆連鎖，故是平穩，但彼若用火攻，難以迴避，不可不防啊！」曹操聽後大笑說：「稱仲德雖有遠慮，卻還有見不到處。」荀攸接著說：「仲德之言甚是，丞相何故笑之？」曹操又說：「凡用火攻，必借風力。現在正值隆冬之際，只有西北風，哪有東南風的道理？吾居於西北之上，彼兵皆在南岸，彼若用火攻，是燒自己之兵也，吾何懼哉？若十月小春之時，吾早已提備矣。」諸將皆拜伏曰：「丞相高見，眾人不及。」

周瑜也正積極籌備，準備用火攻曹操大軍。忽然江上狂風大作，驚濤拍岸，此時周瑜氣火攻心，大叫一聲，口吐鮮血，便倒了下去。孔明卻知道周瑜的病因，就寫了十六個字送給周瑜：欲破曹公，宜用火攻，萬事皆備，只欠東風。原來，周瑜看到西北風肆虐，突然想起了冬季不可能有東南風之事，因而病倒了。孔明上知天文，下知地理，早就推算好了在十一月二十日甲子時至二十二日丙寅時有東南風，這才敢裝模作樣地設壇祭風。曹操就敗在他如周瑜一樣沒有想到冬季也會偶起東南風，而孔明就是「出其不意」，才得以以「奇」制勝。

在現實生活中，一個「奇」字可以讓你一夜之間名聲大噪，可以讓你做事時贏得別人的讚歎。這樣的方法通常都能達到很好的效果，有時候還有可能會事半功倍。所以，在做事時，你可以盡力採用這種方法，這才是智慧之人的做法。

9 此路不通，學會變通

《易經》有云：「窮則變，變則通，通則久。」無論是做人還是做事，都要學會變通。只有變通才會找到方法，變通是人們通往成功道路上的捷徑。你改變不了過去，但是你可以改變現在；你改變不了環境，就要學會改變自己。變通要求人們思考問題時要靈活，做事要講究方法，一個好的方法能夠達到很好的預期效果，反之則會事倍功半。

唐代詩人陳子昂剛出道時，並沒有引起人們的關注，一直默默無聞。為了能夠出名，他跋山涉水來到了長安，想要結交當時的名士，奈何別人都不理他。就這樣，十年過去了，依然沒有得到別人的賞識。

一次他到長安街上遊玩，看到一個賣胡琴的，胡琴晶瑩玉潤，琴音優美。這把琴開價一百萬錢，每天都有很多富家子弟前來觀賞。但是沒有一個人買，此事傳得整個長安城沸沸揚揚。

一天，陳子昂從人群裏出來，對賣琴的人說：「我買了。」

圍觀的群眾都很驚訝，紛紛驚奇道：「你買它做什麼啊？」「這是誰啊，好大的口氣！」「難道你拉琴很好嗎？沒見過啊。」

陳子昂當眾施了一禮笑道：「在下四川陳子昂，擅長拉胡琴。」

眾人紛紛表示說：「那你當眾給我們拉一曲如何啊。」

陳子昂笑道：「明天吧。我住在宜陽里，明天備好酒菜，恭迎各位，還請多多指教。」

第二天，陳子昂的住處門庭若市，熙熙攘攘，很多名流都聚在了一起前來聽他拉琴。待大家酒足飯飽之餘，陳子昂拿起桌子上的胡琴，一下子就扔在了地上，摔了粉碎。眾人不解，為之惋惜。就問他為什麼這麼做，陳子昂起身對眾人說：「我陳子昂著文賦詩已經很多年了，有作品一百多篇。遠道來京，本想會受人賞識，但是卻事與願違，很是鬱悶，又怎麼會熱衷於拉胡琴呢？」然後，陳子昂便拿出自己的作品分送給大家。一時之間，陳子昂名聲大噪。

前不見古人，後不見來者。見天地之悠悠，獨愴然而涕下。這的確是一首好詩，但是在當時傳媒還不發達的情況下，好詩想要出名也是很難的。所以，陳子昂就換了一條路走，結果，在出人意料的舉動之中名聲大噪。陳子昂買琴也正是為了提高自己的知名度，別出心裁，達到了自己的目的。

我們每個人都希望能夠走一馬平川的道路，但是世界上哪有那麼多的陽關大道供我們馳騁呢？就如同登山一樣，「之」字形的道路往往能夠帶你爬上山頂。在生活中，總會碰到這樣或是那樣的難題，解決問題的方式應該是靈活變通，此路不通，就要學會變通。找到恰當的時間，抓住機會，力求巧妙地解決問題。

在一八四八年的一天，英國發明家亨利・阿察爾正在一家酒吧裏休息。喝著喝著，阿察爾旁邊又來了一位客人，彷佛有什麼急事，簡單而匆忙地喝完酒，便寫起信來，信封好後，他掏出一大張新郵票，準備裁下一枚貼上，但摸遍了身上所有的口袋，都沒有找到小刀。

他走到阿察爾的面前，問：「先生，請問您有小刀嗎？能否借我用一下？」

「哦，對不起，我也沒帶小刀。」阿察爾欠了欠身回答道。

這位客人看了看旁邊的人，欲言又止。他將郵票折了一下，準備撕下來，但是又怕撕壞，只好停下來。等了一會，只見他取下西服領帶上的別針，在這枚郵票與其他郵票的連接處刺了幾行整齊的小孔，然後將這枚郵票乾淨俐落地扯了下來，並小心翼翼地貼在信封上。這樣弄下來的郵票，四周有一圈波浪線似的齒紋，反而顯得別緻而美觀。這位客人收起信，帶著微笑走了。

阿察爾把這一切看在眼裏，之後就發明了郵票打孔機。

所以，在一條路走不通的時候，你就要去想別的辦法，通常還會帶來意想不到的效果。一件事情不妨換個角度去思考。當你鑽入牛角尖，越往前走越黑時，你首先應對你的選擇提出問題：路線對嗎？方法對嗎？為什麼越來越窄？然後，在此種情況下，你可以假設一下：用另外一種方法，走另外一條路線，也許會越走越明亮呢。我們小時候都學過司馬光砸缸的故事，如果以正常的做法不能見到成效，那麼就要想其他的辦法，學會變通，才能走通。

CHAPTER 10

做事要有好習慣

Have good work habits

有什麼樣的思想，就有什麼樣的行為；有什麼樣的行為，就有什麼樣的習慣；有什麼樣的習慣，就有什麼樣的性格；有什麼樣的性格，就有什麼樣的命運。

習慣決定你的命運，養成一個習慣只需要二十一天，那麼你還等什麼？

1 習慣成就命運

美國心理學家威廉・詹姆斯說：「播下一個行動，收穫一種習慣；播下一種習慣，收穫一種性格；播下一種性格，收穫一種命運。」良好的習慣可以讓你在日常生活中受用無窮。好習慣鑄就你人生的輝煌，壞習慣破壞你美好的生活。如果你不甘心平庸，希望自己可以有所成就，那麼就先培養自己的好習慣吧。二十一天成就一個習慣，只要你肯堅持，培養一個好習慣就是如此的簡單。

習慣決定一個人的命運。人們常說性格決定命運，習慣便是你性格裏最重要的因素。性格表現為人們的思維習慣和行為習慣，而正是這兩種習慣決定了人們的命運。習慣在不知不覺中影響著人們，下意識的行動便是人們的習慣造就的。習慣就是你做事時一貫的作風，是你的行為模式，所以，好的習慣就能讓你在處世時得到眾人的認可。有些人的行為常常受習慣所左右，卻不知道什麼是習慣。習慣就是你在日常生活中不斷重複的事情，是一種下意識的行為。

七十五位諾貝爾獎獲得者於一九八八年一月十八日至二十一日在巴黎聚會，以「二十一世紀的希望和威脅」為主題，就人類面臨的大問題進行研討。會議期間，一位記者問一位白髮蒼蒼的諾貝爾獲獎者：「您在哪所大學、哪個實驗室裏，學到了對您最重要的東西呢？」這位獲獎者回答說：「在幼稚園。」記者愣了一下，又問：「那您在幼稚園學到的什麼最有用呢？」

他耐心地回答說：「把自己的東西分一半給小夥伴們；不是自己的東西不要拿；東西要放整齊；做錯了事情要表示歉意；午飯後要休息；要仔細觀察周圍的大自然。從根本上說，我學到的全部東西就是這些。」

這句話是如此的耐人尋味啊！在幼稚園學到的東西一生受用，給這位諾貝爾獲獎者留下了深刻的印記。可見一個好的習慣對人的影響有多大！從小就養成好習慣是很重要的。著名教育家蒙特梭利說：「三歲決定一生。」習慣決定命運，而好的習慣都是在平時養成的。習慣就像是飛馳的列車，慣性使人無法止步。習慣就是列車的方向盤，列車通往什麼方向，完全由你的習慣操縱。習慣是潛意識的活動，人體就像編寫好的程式，一旦啟動就按既定的程式演繹。

北京大學的一位心理學博士說：「習慣兩個字在起作用。一個人習慣於懶惰，他就會無所事事地到處溜達；一個人習慣於勤奮，他就會孜孜以求，克服一切困難，做好每一件事情。」培根也曾在書裏說：「人們的行動，多半取決於習慣。一切天性和諾言，都不如習慣有力。」

在古羅馬時，戰車之間的輪距寬度為四英尺又八點五英寸，這正是牽引戰車時兩隻馬並排的距離。羅馬統治著整個歐洲，很多國家的路都是按羅馬的標準鋪設的，所以這些國家的馬路轍跡的寬度，自然也是四英尺又八點五英寸。最先造電車的人參考馬車的結構，所以，電車輪距的標準是沿用馬車的輪距標準。而後來的鐵路也借鑒電車的設計的經驗，以此傳承下去，四英尺又八點五英寸成為現代鐵路兩條鐵軌之間的標準距離。

在日常生活中，習慣對人們做事有著很大的影響。因其是不自覺的行為，所以從一個人的習慣中就可以看到他的品質和本性。如果你能夠培養自己良好的習慣，最後一定就會有成效。種豆得豆，種瓜得瓜，培養良好的習慣，成就你的命運！

2 養成注重細節的習慣

你在做事時千萬不可馬虎大意，應該顧全大局，仔細觀察，這樣才能避免鑄成大錯。人性有很多弱點，人在做事的時候，其實很容易就會跳進弱點的陷阱裏。大意、輕信、貪婪乃是人生三大陷阱。大意排在首位，可見它的重要性。「細節決定成敗」，在做事時應該注重細節，不然，就會造成嚴重的損失。你既然做事，就要做好，首先看清事物的真實面目，然後採取行動。

三國時，關羽佔據著荊州，他帶兵攻打樊城。關羽擔心吳將呂蒙襲取荊州，就嚴密防守，使呂蒙無機可乘。孫權的謀臣陸遜看到這種情況，便想了一個辦法。他讓孫權把呂蒙調走，派自己來接替，並恭敬地給關羽寫信，誘使關羽放鬆了對他的警惕。關羽果然因大意而中了圈套。待關羽將防禦東吳的兵馬調出去打樊城時，陸遜則帶兵乘虛而入，一舉奪取荊州。關羽一生屢建奇功，忠義剛正，可是卻由於驕傲、輕敵、粗心大意，痛失荊州，敗走麥城，被孫權所殺。

做事注重細節，體現了一個人對至善至美的追求；做事注重細節，體現出了一個人的精神品質；做事注重細節，體現了一個人內心深處的修養。你能做的事實在是太多了，而且大多數都是一些細小的、瑣碎的事情，也許這些都過於平凡，卻馬虎不得。也許你做得很好而沒有人表揚你，但是如果你做得不好，肯定就會有人批評你。所以，細心不可忽略，應該把細心做事培養為你平時處理事情的習慣，細心是成就大事的基礎。如今差不多、好像、也許、大概等這些辭彙成為社會的主流辭彙。不講原則、不注重細節、馬虎大意的事情屢見不鮮。而「細心做事」正是對粗製濫造、馬虎大意的有力抨擊，是對事業、對工作兢兢業業的弘揚讚賞。

只有人人都關心細節，「用心做事」，才能減少遺漏和缺陷，才能減少失誤。每做一件事都要三思而後行，成功和失敗往往在一念之間。很多人去做一件事情，有的人能夠專心，有的人則是馬虎大意，最終把事情搞得一發不可收拾。這就是馬虎的壞處。即使你疏忽了一個小細節，也許都會鑄成大錯。

一家工廠想要從美國引進一條生產無菌輸液管的先進生產線，他們經過長期艱苦的努力，終於說服對方前來簽訂合約。當美方代表和廠長一起步入簽字現場的時候，廠長突然咳嗽了一聲，沒有找到痰盂，只好吐在牆角，並小心翼翼地用鞋底蹭了蹭。但是，這一幕並沒有逃過美方代表的眼睛，他皺了皺眉頭，顯然，這個隨地吐痰的小細節引起了他的憂慮，輸液管是專門提供給病人輸液用的，必須在絕對無菌的情況下才符合標準，但是，廠長卻隨地吐痰，想必工廠的工人素質也不會很高。這樣一來，生產出來的輸液管又怎麼會絕對無菌呢？他立即改變了主張，拒絕在合約上簽字。就因為這一個小小的細節，廠長一年多的努力也白費了，前功盡棄，只剩遺憾。

大多數人認為，做大事者何必拘泥於小節。正如那個說「大丈夫處世，當除天下，安事一屋？」的主人公陳蕃，客人便說道：「一屋不掃，何以掃天下？」陳蕃無言以對。這就是說，做事要從小事、細節做起，不然大事就無從談起。大多數人做的都是一些小事，瑣碎、單調、平淡，但是這就是生活，是成大事不可缺少的基礎。一個不願意做小事的人，是不可能成功的。

有一個女孩到外商公司去應徵，招聘主管看過她的簡歷後，便婉言拒絕了女孩的請求。這個女孩便收回自己的簡歷，用手掌撐了一下椅子站起來，但是手卻被扎了一下。原來椅子上面有一隻釘子露出了頭。女孩便跟招聘主管要了榔頭，順手就把釘子敲了下去，然後轉身離去。然而，這時招聘主管卻留住了她，要錄用她。

這就是細節的巨大作用。一個注意細節的人，總是會得到幸運女神的特別眷顧。細節能夠反映出一個人的修養，也最能夠反映出一個人的真實狀態。透過細節看人，才能看出這個人的人格、品質。追求細節雖然不能至善至美，但是只要稍加注意，你也就離完美不遠了。有時候，忽視一個小節，你就已經失敗了。

有一個企業建了一所學校，需要一個負責人兼教師，學校的董事會便給企業家推薦了一個女青年，並對她的學識、修養、完美的風度大加讚揚，認為她是一位合適的人選。那位企業家就立刻邀請這位女青年來見自己。這位女青年的確具備那些素質。可是企業家卻拒絕雇用這個女青年。企業家說：「那個女青年來時，穿著昂貴的時裝，戴的手套卻骯髒破爛，鞋上的扣子也已經掉了快一半。一個邋遢的女人不適合做任何孩子的老師。」

就是因為這一個小細節，卻潛伏著巨大的隱患。可見，細節是多麼重要！在平日的生活中，你想要完美地展現自己的確很難，你需要做好每一個細節；但是如果想要毀掉你很容易，只要一個地方沒注意到，就會給你帶來無法挽回的影響。在每一個細節上取得成功看似偶然，其實並不是，這需要細膩的心思，成功的萌芽就在其中。細節不是孤立存在的，它依附於一個整體。春天美麗的花朵，翩然起飛的蝴蝶，它們的一舉一動看起來都是美麗至極，然而，如果沒有花朵，沒有春天的陽光，也就沒有美麗的光景。一個智慧的人，善於在整體做事時抓住小節，如果這些細節並不是必要的，那也會起到錦上添花的作用。

所以，我們做事千萬馬虎不得，要培養注重細節的良好習慣，否則的話，就會得不償失。

3 養成專注做事的習慣

愛迪生在回答「什麼是成功的第一要素」時說：「能夠將你身體與心智的能量，鍥而不捨地運用在同一個問題上而不會厭倦的能力。你整天都在做事，不是嗎？每個人都是。假如你早上七點起床，晚上十一點睡覺，你做事就做了整整十六個小時。對大多數人而言，他們肯定是一直在做一些事，唯一的問題是，他們做很多很多的事，而我只做一件。假如你們將這些時間運用在一個方向、一個目標上，那麼就會成功。」

所謂「專注」，就是指你的精力完全鎖定在一件事情上面，並且直到這件事情做完為止。在做事的過程中，養成專注做事的習慣十分重要，成功的秘訣是什麼？就是專注！那些成功人士做事時都會習慣性地、全副身心地投入到事業中，注意力高度集中，因此也常常做出一些令人驚訝可笑的事情。

王羲之是我國著名的書法家，一卷《蘭亭集序》被人們奉為至尊。雖然他的字已經非常好了，但他還是每天堅持練字。有一天，他聚精會神地在書房練字，連吃飯都忘了。丫鬟送來了他最愛吃的蒜泥和饃饃，催著他吃，他好像沒有聽見一樣還是埋頭寫字。丫鬟只好去告訴了夫人。夫人和丫鬟來到書房的時候，看見王羲之正拿著一個蘸滿墨汁的饃饃往嘴裏送，弄得滿嘴烏黑。夫人和丫鬟看到這種情況都忍不住笑出了聲。原來，王羲之邊吃邊練字的時候，眼睛還看著字，錯把墨汁當成蒜泥蘸了。夫人心疼地對王羲之說：「你要保重身體呀！你的字寫得很好了，為什麼還要這樣苦練呢？」王羲之聞言便抬起頭回答道：「我的字雖然寫得不錯，可那都是學習前人的寫法。我要有自己的寫法，自成一體，那就非下苦工夫不可。」

經過一段時間的艱苦摸索，王羲之終於寫出了一種妍美流利的新字體。世人常用曹植《洛神賦》中的詩句——翩若驚鴻，宛若游龍。榮曜秋菊，華茂春松。彷彿兮若輕雲之蔽月，飄搖兮若流風之回雪——讚美王羲之的書法之美。他也被公認為我國歷史上傑出的書法家之一。後人說到他的書法時，大都用「飄若遊雲，矯若驚龍」、「龍跳天門，虎臥凰閣」、「天質自然，豐神蓋代」等來形容，被後人譽為「書聖」。「入木三分」一詞，便是形容他的書法的。

加拿大一位著名的田徑教練曾經說過：「不管是不是從事競賽的人，大多數都是不願意付出太多的吝嗇鬼；他們經常都會有所保留，因為他們不願將自己百分之百地投入比賽之中，所以也不能將自己的潛力完全地發揮出來。」只有在事情上投入百分之百的注意力並形成習慣，你才能在事業上有所成就。

大哲學家蘇格拉底每次面對問題時都殫精竭慮，專心致志地尋求答案，有時候思考一個問題往往冥思苦想，甚至會從第一天早上呆站在院子裏，第二天中午獲得滿意的答案，才會做別的事情；愛迪生繳稅時由於太過專心於自己的研究，當排到他時，稅務人員問他的名字，他一時竟然沒有想起來，當他反應過來時，不得不重新排隊；牛頓由於太過專心，曾經把懷錶當成雞蛋煮了；安培研究物理著迷時，在家門前掛了一個牌子「安培先生不在家」，有一天，他邊走邊思考問題，走到家門，看見這句話，驚訝地說：「原來安培先生不在家。」於是扭頭就走。所以，偉大的人之所以偉大，就是因為他們都有做事專心致志的習慣，不為別的事所干擾。

4 養成想到就去做的好習慣

一個好的習慣可以讓人立於不敗之地，一個壞的習慣可以讓人處處碰壁。養成想到就去做的習慣很重要，不然就會留下遺憾。你是不是經常想「如果當初我做了那件事就會……」「如果當初我能……」成功者從來都不是一個空想家，而是一個行動者。他們不是只有夢想、只做計畫、善於空談的人，而是一個會把夢想付諸行動的人。成功必須依賴行動，像能力、才華和知識這些東西，只有當你已經開始行動的時候，它們才會助你一臂之力。

一位成功者，不僅有著宏偉的目標和遠大的理想，更有著讓人欽佩的行動力。只有行動才是走向成功、改變命運的唯一途徑。有這樣一些人，他們總是有著很好的想法，卻猶猶豫豫，遲遲不能下決心去行動。但是，當別人已經行動而且取得了一定的成功時，他們就會哀婉，就會遺憾。《道德經》中有一句話：「合抱之木，生於毫末；九層之台，起於累土；千里之行，始於足下。」可見行動是完成計畫奔向目標獲得成功的保證。

行動是我們在面對障礙和困境時，主動去改變現狀的態度；行動是在面對自己的缺陷時，努力增強自己能力的行為；行動就是我們在有了一個想法並想實現時，腳踏實地做事的精神；行動是日復一日挖土掘井，最終就會出現甘泉的實幹精神。只要你去行動，即使拉琴時斷了一根弦，你也能如伊紮克・帕爾曼一樣從容地繼續，或者如帕格尼尼般索性再拉斷兩根，一根也可以繼續。

在拿破崙到了上學的年齡時，他的父親，高傲但又窮困潦倒的科西嘉貴族，把他送去了一所位於布里恩的貴族學校。但是家境的窮困讓拿破崙受到了很多嘲笑，他的同學都譏笑他的貧窮，而且這種譏諷深深地刺傷了拿破崙的自尊心。

後來他在同學們不屑的眼神下敗下陣來，就寫了封信給父親：「我忍受不了這些外國孩子的嘲笑，他們唯一高於我的便是金錢。我不想再被他們嘲笑下去了。」但是高傲的父親卻這樣回答他：「我們沒有錢，但是你必須在那裏把書念完！」就這樣，他在那所學校裏受到心理上的巨大折磨，一晃就是五年。但是，這卻讓他下了一個決心，就是一定要出人頭地，以實際行動讓這些愚蠢的富人們看看，他一點也不比他們差。他在每一次嘲弄和欺侮的面前愈發地堅強起來。想到就去做，拿破崙開始用功學習，為自己的理想和將來而讀書。

他的努力得到了很好的回報，拿破崙在十六歲的時候，就當上了少尉。但就在這一年，他的父親去世了，這對他來說是個不小的打擊。而且，他不得不從本來就少得可憐的薪水中，抽出一部分來資助母親。

那時，他開始博覽群書，做的讀書筆記達四百多頁。他有自己的理想，他要做總司令！於是，他就經常把自己想像成一個總司令，他會將科西嘉島的地圖描繪出來，並在地圖上標明了哪些地方應當佈置防範。而且他還進行了精確的計算，就這樣，他的數學才能也得到了很大的發展。他的長官看到他的才能，便派他到教場上做一些極複雜的計算工作。他做得很好，很快就得到了升遷。

拿破崙用他的行動證實了自己的實力，並得到了相應的回報。從前嘲笑他的人，現在都圍到他的身邊；從前輕視他的人，不再拿輕視的眼神看他；從前揶揄他矮小、無能的人，無一例外地尊重起他，再沒有人說這個小個子是沒能耐的人了。

拿破崙是一個很聰明的人，但是關鍵是他肯將自己的理想付諸行動，他沒有坐以待斃，等待成功的機會，而是通過自己腳踏實地的努力走上了巔峰。行動才能造就一位天才，空想永遠只能在原地踏步，永遠不會進步。

每個人都有自己的理想，而理想是要靠行動去實現的。在一瞬間或經深思熟慮之後所採取的行動，而這些行動的不同，也造就了人們不同的人生。一個成功者，必是腳踏實地做事情的人。養成想到就去做的習慣，並堅持不懈，有熱情，更要有實踐！十九世紀英國生物學家赫胥黎說：「人生偉業的建立，不在於能知，乃在於能行。」每個人都不能靠「想」來實現自己的社會價值。沒有行動，一切目標、計畫都將落空，成功也就無從談起。

人與人之間的差距為什麼不同？一件事情兩個人同時想到，一個人實施了，一個人還在空想，成功與平凡就這一點差別。養成想到就去做的習慣，是具有行動力的人的標誌。克服你的惰性，行動起來！找到目標，列出計畫，然後付諸行動，你就會不斷提高，走向成功！

5 養成將決定堅持到底的習慣

對很多人來說，他們總是做很多決定，各式各樣，層出不窮，這是一個不好的習慣。已經下了決定，就要堅持下去，不要隨便放棄自己的決定，要學著面對出現的問題，找出合適的解決方法。

對很多人來說，最頭痛的莫過於缺乏耐力這個問題了。做一件事，總是會感到力不從心，往往半途而廢。那麼怎樣解決這個問題呢？當然是增強自己的忍耐力，然後繼續完成沒有做完的事情。

有這樣一幅漫畫：一個人拿著鐵鍬挖出了很多深淺不同的坑，他是想挖出地下水來，並且其中有幾個坑已經離地下水很近了，但是他卻沒能夠堅持挖下去。而是消極地認為這裏沒有水，然後又去別的地方挖井。這幅漫畫就揭示了這樣一個道理：一旦你下了決定，就要堅持下去，不然，總是不能堅持，最後你就不可能挖出水來。做事情要專一，這是一種鍥而不捨的精神；這是一種追求更高、至善至美的境界。

李嘉誠在做事之前總是會全盤考慮，然後做全面的分析，一旦事情決定之後，就堅決果斷地實施，決不拖泥帶水。當記者採訪他，希望他談談經營房地產的心得時，李嘉誠說：「這也不能稱之為心得，但是我可以告訴你們我的做法。我不會因為一日樓市好就立刻買下很多地皮，從一購一賣之間牟取利潤。我會全盤考慮，分析全局，例如供樓的情況，市民的收入和支出，以至於在國際上經濟的前景，因為香港的經濟會受到世界各地的影響，也受到國內政治氣候的影響。所以，在決定一件大事之前，我會很謹慎，會跟一切有關的人士商討，但是，我在決定了一件事情之後，就不會再變更。」

能成大事的人必定是能夠專心只做自己決定的事情，然後朝著自己的目標努力，專心致志，終會成功。

林肯專心致力於黑奴解放，因此成為美國最偉大的總統；伍爾沃斯的理想是在本國各地設立一連串的廉價連鎖商店，於是他就一心完成這個目標，把所有精力都花在這上面，最終取得了成功，獲得了巨大的成就；李斯特在聽過一次演講之後，內心充滿了想要成為一位偉大律師的慾望，他一心做這個工作，最終成為美國最偉大的律師之一；伊士曼致力於生產柯達相機，因此也功成名就；海倫・凱勒下決心一定要學會說話，儘管她又聾又啞還失明，但是最終她實現了自己的夢想。以上這些人都是美國的傑出人物，受到美國和其他國家人們的尊敬。

凡是成大事者，都是在下定決心之後，努力去實踐才能獲得成功的。我們渴望得到很多東西，但是我們的精力是有限的。專心在一件事情上，我們就可以得到自己想要的。投入到自己的理想中，全身心地付出，你就能獲得成果。

一次只做一件事情，下定決心之後立刻就去做，並抱著積極的心態認為這件事情一定會成功，這樣你就不會感到筋疲力盡。如果你把自己弄得筋疲力盡，那麼你就是在浪費你的青春。

瞭解你自己，瞭解你所能達到的極限，不要隨意再下一個別的決定，不要讓你的思維再轉到別的事情或者想法上面去。專心於你已經決定的事情，有取就有捨，放棄其他的誘惑，堅持到底，這樣，你就能在這件事情上取得別人不可能有的成就。

國家圖書館出版品預行編目資料

人生三對：跟對人、說對話、做對事／章文亮編著. -- 初版. --
新北市：菁品文化, 2019. 09
面；　公分. --（新知識系列；108）

ISBN 978-986-97881-3-7（平裝）

1. 職場成功法　2. 說話藝術　3. 溝通技巧

494.35　　108012304

新知識系列 108

人生三對：跟對人、說對話、做對事

編　　著　章文亮
發 行 人　李木連
執行企劃　林建成
封面設計　上承工作室
設計編排　菩薩蠻電腦科技有限公司
印　　刷　博客斯彩藝有限公司
出 版 者　菁品文化事業有限公司
地址／23556 新北市中和區中板路 7 之 5 號 5 樓
電話／02-22235029　傳真／02-22234544
E-mail：jingpinbook@yahoo.com.tw
郵政劃撥　19957041　戶名：菁品文化事業有限公司
總 經 銷　創智文化有限公司
地址／23674新北市土城區忠承路89號6樓（永寧科技園區）
電話／02-22683489　傳真／02-22696560
網　　址　博訊書網：http://www.booknews.com.tw
出版日期　2019年9月初版
定　　價　新台幣320元　（缺頁或破損的書，請寄回更換）

ISBN　978-986-97881-3-7

本書 CVS 通路由美璟文化有限公司提供　02-27239968